U0263569

现代食品深加工技术丛书

魔芋葡甘聚糖拓扑结构的凝胶及功能

庞　杰　孙远明　主编

科学出版社
北　京

内 容 简 介

魔芋是我国的特色植物资源，其块茎富含的魔芋葡甘聚糖（KGM），是一种具有独特凝胶特性的天然食品大分子化合物，常作为原料或添加剂应用于食品领域。近年来，有关 KGM 凝胶在复杂条件中的稳定性成为凝胶类食品领域关注的焦点。本书创新性地引入了拓扑学有关概念，从理论上分析了 KGM 凝胶微结构中拓扑网络的形成途径，揭示了 KGM 凝胶拓扑结构稳定性的形成机理，进而实现了对 KGM 凝胶的微观调控，为提高凝胶类食品品质奠定了理论基础，也为天然多糖在凝胶类食品领域的应用提供了更多创新性的思路。

本书可供食品、化学、医学、农学相关专业本科生、研究生、教师及科研工作人员，化工、食品、保健品生产加工者，爱好科学、关注养生的广大公众等阅读使用。

图书在版编目(CIP)数据

魔芋葡甘聚糖拓扑结构的凝胶及功能 / 庞杰，孙远明主编. —北京：科学出版社，2019.1

（现代食品深加工技术丛书）

ISBN 978-7-03-059160-9

Ⅰ.①魔… Ⅱ.①庞… ②孙… Ⅲ.①芋–葡甘聚糖–研究 Ⅳ.①S632.301

中国版本图书馆 CIP 数据核字(2018)第 240671 号

责任编辑：贾 超 侯亚薇／责任校对：杜子昂
责任印制：张 伟／封面设计：东方人华

科 学 出 版 社 出版
北京东黄城根北街 16 号
邮政编码：100717
http://www.sciencep.com

北京建宏印刷有限公司 印刷
科学出版社发行 各地新华书店经销
*

2019 年 1 月第 一 版 开本：720×1000 1/16
2019 年 1 月第二次印刷 印张：7 3/4
字数：150 000

定价：88.00 元
（如有印装质量问题，我社负责调换）

丛书编委会

总 主 编： 孙宝国

副总主编： 金征宇　罗云波　马美湖　王　强

编　　委（以姓名汉语拼音为序）：

毕金峰　曹雁平　邓尚贵　高彦祥　郭明若

哈益明　何东平　江连洲　孔保华　励建荣

林　洪　林亲录　刘宝林　刘新旗　陆启玉

孟祥晨　木泰华　单　杨　申铉日　王　硕

王凤忠　王友升　谢明勇　徐　岩　杨贞耐

叶兴乾　张　敏　张　慜　张　偲　张春晖

张丽萍　张名位　赵谋明　周光宏　周素梅

秘　　书： 贾　超

联系方式

电话：010-64001695

邮箱：jiachao@mail.sciencep.com

本书编委会

主　　编：庞　杰(福建农林大学)

　　　　　孙远明(华南农业大学)

副 主 编：穆若郡(福建农林大学)

　　　　　吴春华(福建农林大学)

编　　委（以姓名汉语拼音为序）：

　　　　　陈晓涵(福建农林大学)

　　　　　杜　雨(福建农林大学)

　　　　　龚静妮(福建农林大学)

　　　　　洪　馨(福建农林大学)

　　　　　姜静怡(福建农林大学)

　　　　　李倩莲(福建农林大学)

　　　　　李源钊(福建农林大学)

　　　　　林理专(福建农林大学)

　　　　　林丽珊(福建农林大学)

　　　　　林婉媚(福建农林大学)

　　　　　倪永升(福建农林大学)

　　　　　童彩玲(福建农林大学)

　　　　　王　林(福建农林大学)

　　　　　武红伟(福建农林大学)

　　　　　徐晓薇(福建农林大学)

　　　　　张甫生(西南大学)

丛　书　序

　　食品加工是指直接以农、林、牧、渔业产品为原料进行的谷物磨制、食用油提取、制糖、屠宰及肉类加工、水产品加工、蔬菜加工、水果加工、坚果加工等。食品深加工其实就是食品原料进一步加工，改变了食材的初始状态，例如，把肉做成罐头等。现在我国有机农业尚处于初级阶段，产品单调、初级产品多；而在发达国家，80%都是加工产品和精深加工产品。所以，这也是未来一个很好的发展方向。随着人民生活水平的提高、科学技术的不断进步，功能性的深加工食品将成为我国居民消费的热点，其需求量大、市场前景广阔。

　　改革开放 30 多年来，我国食品产业总产值以年均 10% 以上的递增速度持续快速发展，已经成为国民经济中十分重要的独立产业体系，成为集农业、制造业、现代物流服务业于一体的增长最快、最具活力的国民经济支柱产业，成为我国国民经济发展极具潜力的、新的经济增长点。2012年，我国规模以上食品工业企业 33692 家，占同期全部工业企业的 10.1%，食品工业总产值达到 8.96 万亿元，同比增长 21.7%，占工业总产值的 9.8%。预计 2020 年食品工业总产值将突破 15 万亿元。随着社会经济的发展，食品产业在保持持续上扬势头的同时，仍将有很大的发展潜力。

　　民以食为天。食品产业是关系到国民营养与健康的民生产业。随着国民经济的发展和人民生活水平的提高，人们对食品工业提出了更高的要求，食品加工的范围和深度不断扩展，所利用的科学技术也越来越先进。现代食品已朝着方便、营养、健康、美味、实惠的方向发展，传统食品现代化、普通食品功能化是食品工业发展的大趋势。新型食品产业又是高技术产业。近些年，具有高技术、高附加值特点的食品精深加工发展尤为迅猛。国内食品加工中小企业多、技术相对落后，导致产品在市场上的竞争力弱。有鉴于此，我们组织国内外食品加工领域的专家、教授，编著了"现代食品深加工技术丛书"。

　　本套丛书由多部专著组成。不仅包括传统的肉品深加工、稻谷深加工、水产品深加工、禽蛋深加工、乳品深加工、水果深加工、蔬菜深加工，还包含了新型食材及其副产品的深加工、功能性成分的分离提取，以及现代食品综合加工利用新技术等。

　　各部专著的作者由工作在食品加工、研究开发第一线的专家担任。所有作者都根据市场的需求，详细论述食品工程中最前沿的相关技术与理念。不求面面俱到，但求精深、透彻，将国际上前沿、先进的理论与技术实践呈现给读者，同时还附有便于读者进一步查阅信息的参考文献。每一部对于大学、科研机构的学生或研究者来说，都是重要的参考。希望能拓宽食品加工领域科研人员和企业技术人员的思路，推进食品技术创新和产品质量提升，提高我国食品的市场竞争力。

中国工程院院士

2014 年 3 月

前　　言

凝胶类食品在复杂条件中的稳定性对微观调控下的科学实验与宏观过程中的加工生产都提出了较高的要求。多糖是食品领域中生产凝胶系列产品最常见的原料之一，然而多糖分子链结构复杂且不规则，其凝胶稳定性差，难以实现对其动态变化过程的调控。因此，探寻绿色的方法形成凝胶并对其分子链动态调控一直是食品加工热点之一。本书以我国特有植物多糖资源——魔芋葡甘聚糖(KGM)为凝胶模型，系统探讨了KGM拓扑凝胶构建，结合拓扑学和高分子功能化技术，围绕"KGM分子链拓扑结构构建——拓扑结构对凝胶性能影响——实验验证及评价"的思路，从理论上分析了KGM凝胶微结构中拓扑网络的形成，揭示了KGM凝胶拓扑结构稳定性的形成机理，进而实现了对KGM凝胶的微观调控，为提高凝胶类食品品质奠定了理论基础；从实践上结合了其他多种有机或无机共混原料，通过不同的物理、化学手段在分子层面上对食品胶体进行设计与调控，制备出天然可降解的、具有不同功能的凝胶并应用于食品科学与技术领域，建立了一套完整的基于KGM的稳定凝胶形成与应用体系。

本书内容除引用的参考文献外，其他均为主编、副主编和编委等人的研究成果，由参加KGM拓扑凝胶研究的作者分章编著，由我统一规范审校、修改补充。我过去的学生及在魔芋研究界的同仁也参与了本书的编写，在此对他们的支持和帮助表示由衷的感谢！

本书的编写是在国家自然科学基金项目(31471704和31772045)、国家星火计划项目(2012GA7200022)的资助下完成的；同时本书的编写得到了海外合作单位哈佛大学、麻省理工学院的大力支持与帮助，在此一并致以衷心的感谢。

由于魔芋科学研究和实践应用发展迅速，加之编者水平有限，难免存在不妥之处，敬请读者给予批评指正。

2019年元月

目　　录

第1章　绪论 ···1

1.1　凝胶研究现状及研究方向 ···1

　　1.1.1　凝胶的研究现状 ···1

　　1.1.2　凝胶形成机理及稳定性研究 ······························6

　　1.1.3　凝胶的功能化及凝胶食品的应用研究 ··················7

1.2　魔芋葡甘聚糖的性质及改性研究 ······························17

　　1.2.1　魔芋葡甘聚糖的结构与功能 ·····························17

　　1.2.2　魔芋葡甘聚糖的理化性质 ·······························19

　　1.2.3　魔芋葡甘聚糖的化学改性与应用研究 ··················20

1.3　拓扑学及其在高分子科学中的应用 ··························22

　　1.3.1　拓扑学概述 ···22

　　1.3.2　高分子链拓扑学的统计力学理论 ······················23

　　1.3.3　高分子网络中的分子缺陷 ·······························25

　　1.3.4　基于拓扑结构的凝胶性能及解决方法 ··················26

第2章　KGM分子链拓扑结构及凝胶性能研究 ··················28

2.1　KGM网格式凝胶制备及其稳定性研究 ······················30

2.2　KGM双网络凝胶制备及其稳定性研究 ······················30

2.3　KGM交联凝胶制备及其稳定性研究 ·························31

2.4　KGM形成凝胶的条件研究 ···································31

2.5　KGM凝胶的构象网络研究 ···································32

2.6　KGM网格式凝胶的性能研究 ·································35

　　2.6.1　KGM凝胶流变特性与模量研究 ·······················35

　　2.6.2　KGM凝胶微观形貌研究 ································37

2.7　KGM双网络凝胶的性能研究 ·································38

　　2.7.1　KGM双网络凝胶流变性与模量研究 ··················38

　　2.7.2　KGM双网络凝胶机械性能研究 ·······················40

2.8　KGM交联凝胶的性能研究 ···································42

　　2.8.1　KGM交联凝胶流变性与模量研究 ······················42

　　2.8.2　KGM 交联凝胶微观形貌研究 ···46
　2.9　小结 ···46
第 3 章　KGM 凝胶功能化一：KGM 多孔凝胶及其对金属离子的吸附机制 ··· 51
　3.1　KGM 水凝胶的合成 ··52
　3.2　KGM 多孔凝胶的合成 ···52
　3.3　KGM 多孔凝胶负载活性炭(CKNSi) ···53
　3.4　CKNSi 离子吸附研究 ··53
　3.5　KGM 多孔凝胶形貌 ··53
　3.6　KGM 多孔凝胶结构稳定性探讨 ···55
　　3.6.1　拉曼光谱分析 ··55
　　3.6.2　核磁共振硅图谱分析 ··56
　　3.6.3　热重分析 ··57
　3.7　多孔凝胶功能化：多孔凝胶及其对金属离子的吸附机制 ···················58
　　3.7.1　CKNSi 铜离子吸附研究 ···58
　　3.7.2　吸附动力学分析 ··59
　3.8　小结 ···60
第 4 章　KGM 凝胶功能化二：KGM 微球配料及其对食品组分的保护机制 ··· 62
　4.1　KGM 多孔凝胶颗粒 ··64
　4.2　KGM 交联凝胶微胶囊 ···64
　4.3　微胶囊储藏稳定性研究 ···64
　4.4　KO 对微胶囊的作用研究 ···64
　4.5　微胶囊的胃肠道试验 ··65
　4.6　KGM 交联凝胶结构研究 ···65
　4.7　KGM 交联凝胶的形貌研究 ···66
　4.8　交联凝胶功能化：食品微球配料及其对食品组分的保护机制 ···············67
　　4.8.1　微胶囊储存稳定性研究 ··67
　　4.8.2　KO 对微胶囊冷冻抗性影响的研究 ··69
　　4.8.3　体外胃肠道模拟消化试验 ··70
　4.9　小结 ···72
第 5 章　KGM 凝胶功能化三：基于 KGM 的检测器及其对胺分子的
　　　　　识别机制 ··· 74
　5.1　KGM 凝胶功能研究 ···75
　　5.1.1　KGM 双网络微纤维凝胶 ··75
　　5.1.2　KGM 微反应器鉴别胺分子 ··76
　　5.1.3　KGM 微纤维创伤敷料应用研究 ···76

5.2　KGM 微纤维凝胶结构研究 ························76
　5.2.1　红外光谱分析 ·····························77
　5.2.2　X 射线衍射图谱分析 ······················78
　5.2.3　热重分析 ·······························79
5.3　纤维凝胶功能化：食品凝胶检测器及其对胺分子的识别机制 ·······80
　5.3.1　KGM/PAAS 微纤维阵列对胺分子的识别 ·······80
　5.3.2　KGM/PAAS 微纤维阵列的负载研究 ···········81
5.4　小结 ···································82
参考文献 ···································85
索引 ·····································107

第1章 绪　　论

1.1　凝胶研究现状及研究方向

1.1.1　凝胶的研究现状

1. 凝胶的概述

凝胶通常是一种吸水溶胀并产生交联网络结构的聚合物，含有大量的溶剂或分散剂[1]，可以由一种或多种单体和高分子物质通过简单的物理化学反应合成[2]，具有很强的吸水和保水能力[3]，因此又称为"水凝胶"或"亲水凝胶"。许多食品原料具有天然的成胶性质，是形成凝胶的优质原材料[4]。这些原材料最早发现于植物的块茎和种子、动物的表皮组织和外壳中[5-7]。这些原料分子链通常含有大量的羟基，可显著增加其对水分子的亲和力，使之具有亲水性。此外，这些原材料溶于水产生一种介于溶液和悬浮液之间，并具有胶体性质的分散体[8]。凝胶形成的可调控性及选材和功能的多样性使其受到科学家广泛的关注。此外，凝胶特有的持水性能使其具有多样的天然组织和细胞仿生性，在航空航天、生物、医药和食品等领域有着广泛的应用[9-11]。研究者可以利用多种有机和无机新型材料为原料，通过先进物理和化学技术手段合成凝胶。与普通胶体相比，凝胶具有独特的大分子网络结构，同时，纳米级的凝胶材料又称为"纳米凝胶"[12]。多糖、多肽、DNA等生物大分子均可形成凝胶[13-15]。通过对不同柔性多孔材料的选择与设计，结合分子间的网络交联与修饰技术，研究者合成了具有不同功能的凝胶。通过改变外界刺激(如温度、离子强度、pH、电化学刺激、压力和光等)来调整凝胶的形状和体积，从而可逆或不可逆地调整其理化性质。

2. 凝胶的分类

根据分类依据的不同，凝胶可以有多种分类方式。

(1)材料的来源：分为天然凝胶和人工合成凝胶。

(2)高分子的组合形式：①均聚物凝胶，指只通过一种单体聚合或一种高分子材料吸水溶胀形成凝胶；②共聚物凝胶，指由两种或两种以上的单体聚合或多种高分子材料共同形成凝胶。

(3)分子形态：分为无定形凝胶、结晶型凝胶和半结晶型凝胶。

(4)交联方式：凝胶的交联方式包括化学交联方式和物理交联方式。前者是不可逆的，后者是可逆的。也就是说，物理凝胶可以根据环境条件可逆地转化为非交联材料。

(5)物理形态：凝胶呈现的物理形态有多种，根据其形态的差异大致可分为基质凝胶、多孔凝胶、微纤维凝胶、微球凝胶和凝胶膜等。凝胶物理形态的变化取决于制备凝胶的技术和方法。本书正是采用了不同的技术和方法，基于拓扑构象理论，制备了三种不同形态的凝胶，并将这些材料应用于食品科学与工程领域。

3. 凝胶的研究现状及性质

高分子凝胶网络可以通过多种技术形成，但最常用的合成技术是亲水性非离子单体的自由基交联聚合。为了增加非离子单体的溶胀能力，通常在混合物中加入离子共聚单体进行反应。由于制备凝胶的单体在通常的聚合温度下是固态的，所以需在水溶液中进行聚合反应[16]。凝胶的结构和性质与其形成条件密切相关，如环境的温度、pH、原料的种类、交联剂浓度、单体稀释的初始程度和构筑网络结构单元的化学性质等[17, 18]。了解凝胶的不同性质，有助于在各种试验条件下研究其形成机理，同时能够更好地将其应用于不同领域的实践中。凝胶的主要性质如下。

(1)溶胀性：弹性凝胶在溶剂中吸水膨胀的过程称为溶胀或膨润。凝胶的溶胀平衡取决于凝胶网络的交联、电荷的密度和交联高分子浓度[19]。在凝胶制备状态下，高分子网络浓度由交联高分子体积分数 φ_2^0 表示，改变这一体积分数，可以显著改变水凝胶的结构，进而改变水凝胶的性质。与此同时，凝胶溶胀性会随着溶液中离子基团数量的增加而增加，这主要是由于凝胶内部离子数量增加产生了一个额外的渗透压而使凝胶进一步溶胀[20]。由于离子型水凝胶在水中的高度溶胀性，其溶胀平衡取决于抗平衡离子的混合熵[21]。根据高斯的橡胶弹性理论[22]，弹性形变的吉布斯自由能（ΔG_{el}）随着线型形变率而改变：

$$\Delta G_{el} \approx N_s^{-1}\alpha^2 \tag{1-1}$$

式中，N_s 代表两个成功交联之间片段的数量，α 代表线型形变率。α 与标准凝胶体积 V_r 相关：

$$\alpha = (V/V_0)^{1/3} = V_r^{1/3} \tag{1-2}$$

式中，V 代表已知溶胀度的凝胶的体积，V_0 代表参照状态下凝胶的体积。此外，网络链上固定离子导致凝胶内外部之间移动的抗平衡离子的不均匀分布。这种基

于离子作用的吉布斯自由能 ΔG_{ion} 可以表示为

$$\Delta G_{ion} \approx f \ln\left(f \varphi_2^0 / \alpha^3\right) \qquad (1\text{-}3)$$

式中，f 代表凝胶网络的有效电荷密度。通过最小化能量函数可以获得平衡体积：

$$V_{eq} \approx \left(f N_s\right)^{3/2} \qquad (1\text{-}4)$$

由式(1-4)可以看出，凝胶的溶胀平衡体积与网络链的电荷数之间存在一个常数，为 3/2。

(2) 黏弹性：黏弹性是指材料同时具有黏性和弹性两种性质，且在变形时表现出此消彼长的特性。黏性材料(如蜂蜜)在施加应力时抵抗剪切流动并随时间线性变化。弹性材料在拉伸时会发生应变，一旦消除应力，很快恢复原状。黏弹性材料具有这两种性质，因此表现出随时间变化的应变[22]。弹性通常是在有序固体中沿晶面拉伸的结果，黏性是原子或分子在非晶材料中扩散的结果[23]。根据材料内部的应变速率随应力的变化，黏性可分为线性响应、非线性响应或塑性响应。当材料呈现线性响应时，它被归类为牛顿流体，此时应力与应变速率呈线性关系。如果材料对应变速率表现出非线性响应，则它被归类为非牛顿流体。另外，当应力与应变速率无关时，材料呈现出塑性变形[24]。许多黏弹性材料表现出由高分子弹性热力学理论解释的类似橡胶的行为[25]。

(3) 多相性：凝胶的另一个特性是凝胶空间的多相性，又称为不均匀性[26]。与交联均匀分布的理想凝胶相比，水凝胶总是呈现不均匀的交联密度分布，称为凝胶空间不均匀性。凝胶空间不均匀是不可取的，因为它大大降低了水凝胶的光学清晰度和强度。由于凝胶空间不均匀性与空间浓度波动密切相关，可以采用光散射、小角 X 射线散射和小角中子散射等散射方法研究其空间不均匀性。凝胶的散射强度总是大于高分子溶液的散射强度，高分子溶液的过量散射与凝胶的不均匀性有关。在一般情况下，由于网络不均匀程度的增加，空间不均匀性随着凝胶交联密度的增加而增加[27]。此外，由于移动的反离子的影响，凝胶电离度的不均匀性减小，静电排斥和 Donnan 电位增强[28]。散射测量凝胶的溶胀度也影响散射强度。随着散射强度的增大，散射矢量的散射强度增大。这种行为被解释为在更多和更少的交联区域之间增强高分子浓度的差异[29]。

(4) 可塑性：凝胶的可塑性基于其前三个基本性质，即溶胀性、黏弹性和多相性。凝胶的固有性质使其得到广泛应用的同时存在一定的局限性。但是，这些性质又赋予凝胶可塑性。例如，具有良好力学性能的水凝胶，在许多现有和潜在的软材料应用领域都具有重要意义。近年来，人们尝试了许多方法，如拓扑凝胶法和双网络凝胶法来设计具有更好机械性能的凝胶。由不同方法设计出的凝胶可以被称为"多功能凝胶"，它们展现了多样而有趣的性能，这些性能被广泛地应用于物理化学、光学、生物、医药及工程等不同科技领域[30-32]。

4. 凝胶结构的表征

结构的表征是食品凝胶材料分析研究中的关键技术。对材料进行表征，可以获得材料的物理性质或物理化学性质参数及其变化。采用不同的表征技术，可以对材料进行成分分析、结构测定和形貌观察。结合本书分析研究，材料分析中常用的表征手段概括如下。

(1)扫描电子显微镜(SEM)：SEM 是一种电子显微镜，它通过聚焦电子束扫描检测样品的表面来产生样品图像。成像的机理是电子与样品中的原子相互作用，产生包含样品表面形貌和成分信息的各种信号[33]。SEM 的分辨率能够达到 1nm，利用电子和物质的相互作用，可以获取被测样品本身的各种物理、化学性质的信息，如形貌、组成、晶体结构、电子结构和内部电场或磁场等[34]。SEM 正是根据上述不同信息产生的机理，采用不同的信息检测器，使选择检测得以实现，对 X 射线进行采集，得到物质化学成分的信息[35]。本书研究主要利用 SEM 对合成凝胶的表面形貌(多孔、微胶囊、微纤维)进行观察，并通过形貌来判断合成凝胶是否达到预期的目标，为进一步使材料在食品科学领域得到应用奠定基础。

(2)傅里叶变换红外光谱(FTIR)：FTIR 是一种用于获得固体、液体或气体吸收或发射红外光谱的技术[36]。任何吸收光谱的目标都是测量样品在每一波长吸收光的程度。最简单的方法是"色散光谱"技术，它是将单色光束照射到一个样品上，测量吸收光的多少，然后以不同波长重复。与色散光谱相比，FTIR 具有明显的优势，它可以在一段时间内测量一定波长范围内的光谱强度。FTIR 不是直观地获取物质的组成信息，也不是用单色光束照射样品，而是用一束同时包含许多频率的光照射样品，并测量这种光束被样品吸收了多少。接着，仪器对光束进行修改，使其同时包含不同的频率组合并给出第二个数据点。这个过程重复多次后，计算机接收所有数据以推断每个波长的吸收情况[37, 38]。本书研究主要利用 FTIR 对合成材料进行表征，通过表征图谱分析不同材料中的化学键，从而判断在材料合成的过程中是否发生了化学反应。图谱中振动峰的增加和消失都可以推断新物质的产生。

(3)拉曼(Raman)光谱：利用这一光谱技术，可以观察系统中的振动、转动和其他低频模式，常用于化学成分的研究，提供分子识别的结构指纹[39]。激光与分子振动、声子或其他激发物相互作用，使激光光子的能量向上或向下移动，能量的转换提供了系统中振动模式的信息[40]。在原理上，Raman 光谱与 FTIR 是相似的，因此 Raman 光谱与 FTIR 在图谱信息中是相互对应的，而且可以互补。由于分子化学键及其对称性的振动频率是特定的，因此 Raman 光谱用于化学分子鉴定和化学键研究[41]。本书研究主要将 Raman 光谱与 FTIR 配合使用，通过表征图谱，分析不同材料中化学键的改变。

(4) X 射线衍射(XRD)：XRD 常用于测定晶体中原子和分子的结构，通过测量角度和衍射光束的强度，记录得到一个在晶体内部产生的电子密度的三维图片[42]。对于一些非晶态物质，XRD 图像呈现一种漫散射峰[43, 44]。本书所研究的物质本身就是一种非晶态物质，通过对 XRD 图像的傅里叶变换可以获得物质的径向分布函数(RDF)。RDF 是一种有效的 XRD 研究的分析方法，RDF 曲线可以通过对 X 射线衍射实验数据进行傅里叶变换而得到。利用 XRD 辅助分析物质结构的方法已经发展了几十年，但是传统的衍射方法只能够提供一种物质大致的结构信息，如这种材料是晶态或非晶态等。然而，物质的特殊功能性质往往是由其局部结构所决定的，如原子的短程序。因此，利用傅里叶变换将衍射数据转换成 RDF，可以对物质的局部结构进行深入研究。

(5) 核磁共振(NMR)：NMR 是物质内的原子核在磁场作用下吸收与发射电磁辐射的一种物理现象。这种能量是由特定的共振频率引起的，取决于磁场的强度和原子同位素的磁性性质。NMR 能观察原子核的特定量子力学磁性性质，许多科学技术利用核磁共振现象通过核磁共振光谱研究分子物理、晶体和非晶体材料[45]。由 NMR 提供的信息，可以分析各种有机物和无机物的分子结构。目前研究得最多的是 ^1H 核磁共振和 ^{13}C 核磁共振。^1H 核磁共振称为质子核磁共振(proton magnetic resonance，PMR)，也可表示为 ^1H-NMR；^{13}C 核磁共振(carbon-13 nuclear magnetic resonance，CNMR)，也可表示为 ^{13}C-NMR[45-47]。本书研究主要使用 ^{13}C-NMR 对物质进行表征，同时由于合成材料使用了硅，因此也利用了 ^{29}Si-NMR 分析材料中硅的状态。

(6) 热重分析(TGA)：TGA 是一种热分析方法，当温度变化时，样品的质量随时间而下降[48]。这种测量提供了物理现象相关的信息，如相变、吸收和解吸，以及化学现象的相关信息，包括化学吸附、热分解、固气反应。TGA 是在热重分析仪中进行的，热重分析仪连续测量样品质量，同时样品的温度随时间而变化[49]。因此，质量、温度和时间是热重分析过程中的基本变量，而许多其他的参数和分析数据可以从这三个基本变量测量中得出。在典型的 TGA 测试过程中，温度通常以恒定的速率增加(或对某些应用程序来说，控制温度使质量损失恒定)，从而发生热反应。热反应可发生在各种环境中，包括环境空气、真空、惰性气体、氧化/还原气体、腐蚀性气体、渗碳气体或液体蒸气以及各种压力中，包括高真空、高压、恒压或控制压力[50]。热反应收集的热重数据被编译成 Y 轴上的质量或初始质量分数，以及 X 轴上的温度或时间。计算机中获得的平滑的曲线图称为 TGA 曲线，通过对 TGA 曲线求一阶导数，可以绘制微商热重法(DTG)曲线并进一步深入地解释拐点及进行差热分析。

1.1.2 凝胶形成机理及稳定性研究

从分子层面上说，大多数凝胶通过两种方式形成，即粒子聚合和分子组装[51]。粒子聚合就是单体或前体均匀分散在水溶液中，由于水溶液只能溶解单体而不能溶解高分子，所以在单体聚合过程中，生成的高分子沉淀形成凝胶，这种聚合又称为沉淀聚合[52, 53]。分子组装是指水溶性的高分子在适当的外界刺激下(如温度、pH 和离子等)，其内部的分子链聚集从而形成凝胶[54]。这些高分子化合物分子链的聚集可以以不同的机制进行交联，主要包括物理缠结、离子相互作用和化学键的交联。对于物理交联凝胶，绝大多数建立在高分子化合物的固有性质上。高分子的很多固有性质使其很难进行调控而获得水凝胶，但是凝胶特性却是高分子链在不被改性的情况下依然容易达到的一种属性，同时这种凝胶在很多情况下是可逆的。相反地，利用化学交联方法可以更好地控制交联的过程，潜在地对凝胶的空间结构和动力学特性进行更深层次的调控。凝胶的合成有多种方法[55-57]，根据交联机制的不同，本书主要通过以下几个方面对凝胶形成机理进行分析。

(1)热致凝胶。许多天然高分子，如海洋生物多糖和蛋白质，都具有热凝聚性质[58, 59]。在凝胶形成过程中，高分子链会随着温度的变化而发生物理缠结。这种变化将会直接导致这些物质的溶解性发生改变，从而导致高分子链聚集甚至发生硬化或沉淀。温度的上升或者下降都可能导致热致凝胶的产生，这种转变的温度称为高分子的低温溶解温度(LCST)或高温溶解温度(UCST)[60, 61]。根据高分子种类的不同，热致凝胶形成的机制是不同的。许多大分子物质的温度低于它们的高温溶解温度而产生凝胶。例如，天然的高分子明胶和合成的高分子聚丙烯酸产生凝胶是因为温度低于了它们的高温溶解温度。相反地，其他一些大分子材料，如 N-异丙基丙烯酰胺，则是因为温度高于了它们的低温溶解温度。科学家发现，这些热致凝胶的形成可以通过改变它们的分子量、共聚物的比例和亲水疏水基团的平衡来进行调控[62, 63]。

(2)非共价分子自组装凝胶。这种凝胶形成机制常见于蛋白质高分子化合物中[64]。微弱的非共价键主要包括氢键、范德瓦尔斯力和疏水相互作用。这些作用力可以导致大分子折叠形成支架从而精确地调控其结构和功能。胶原蛋白是人体内最丰富的蛋白质之一，它的分级自组装就是一个典型的例子。胶原蛋白分子链含有大量的脯氨酸和羟脯氨酸，使其一级结构具有高度的有序性，从而导致组装过程的产生[65, 66]。这些分子促进了三螺旋结构的产生，从而进一步聚集固定形成胶原纤维蛋白。受到这一凝胶机制的启发，科学家已经通过模仿分级自组装合成了许多仿生超级大分子，如胶原仿生肽键、两亲肽键和胶凝剂[67, 68]。

(3)静电螯合凝胶。这是一种自发性的物理凝胶化过程，最典型的是海藻酸钠(SA)形成海藻胶的过程。在二价氧离子存在的情况下，古罗糖醛酸会与钙离子或钡离子等形成"蛋壳"形的交联结构[69]。在这种结构中，多糖分子链形成了螺旋结构，而阳离子则被包裹在分子链中，这样的天然交联结构赋予生物大分子主链不同程度的电荷性质[70]。由于羧基的存在，许多天然高分子物质在中性 pH 条件下呈负电性，如透明质酸和海藻胶；但是也有很多高分子由于氨基比较多而呈正电性，如明胶和壳聚糖(CS)。当然，也有一些天然多糖不带电荷，如本书主要研究的魔芋葡甘聚糖(konjac glucomannan，KGM)，所以在某些情况下需要对其进行改性以得到我们想要的性质[71, 72]。对于合成高分子来说，电荷正负电性的控制就容易得多。一种常见的静电螯合凝胶高分子是多聚赖氨酸/聚丙烯酸配对分子，当溶液中同时存在两种相反电荷的高分子聚电解质时，由于静电相互作用，高分子链会发生缠结而形成沉淀[73]。

(4)化学交联凝胶。以化学键形成的交联凝胶比物理方式形成的凝胶体系更稳定，这是因为化学交联从本质上促进了胶凝过程空间结构的形成[74]。高聚物分子链的主链或侧链中具有化学反应活性的部分在溶液中可以形成共价键而产生凝胶。传统的共价结合机制包括沉淀反应、自由基聚合、羟醛缩合、高能辐射和酶催化生物化学反应等。点击化学作为一个新兴发展的化学分支学科，能够高效地获得凝胶产物，尤其在细胞和生物催化剂中具有很高的应用价值[75-77]。

1.1.3 凝胶的功能化及凝胶食品的应用研究

基于以上一种或多种凝胶的形成机制，本书研究主要采用三种不同的技术手段以实现对魔芋葡甘聚糖的调控，从而形成具有特定功能性质的魔芋葡甘聚糖凝胶，涉及的凝胶合成技术主要包括有机-无机杂化、微胶囊包埋和微流纺丝技术。现结合凝胶合成采用的不同技术，分别对多孔凝胶、微胶囊凝胶和微纤维凝胶三种凝胶的合成与应用进行综述。

1. 多孔凝胶的合成及其应用研究进展

多孔凝胶是含水量较高的凝胶前体物质通过超临界干燥或冷冻干燥后得到的具有特殊结构的材料。这一过程由于水分升华快，不会导致网络结构的破坏[78]。因此，这种特殊网络结构材料具有很高的比表面积和孔隙率[79]，又称为"气凝胶"。近年来，科学家对这种凝胶材料进行了深入的研究，发现其具有优良的机械性能[80]、优异磁感应性能[81]、良好的隔热性能和光学性能[82]、表面界面效应、介电特性[83]、量子尺寸效应和较强掺杂吸附能力[84]等特点。气凝胶最早是以二氧化硅为原料制得的，在 1931 年由美国科学家 Kistler 第一次获得 [85, 86]。在随后的科技发展中，越来越多的材料运用于凝胶的合成，如碳纤维、石墨烯、硫系材料和金属氧化物等[78, 84]。近些年，由于绿色化学和环保材料的兴起，一些天然高分子材料也加入了合成凝胶的大家庭，如果胶、海洋多糖、植物纤维素、魔芋葡甘聚糖等。无论是有机材料还是无机聚合物，只要其能够形成凝胶，在干燥除去内部溶剂后，还能保持形状不变，由此获得的具有高孔隙率、低密度的多孔材料都可以称为气凝胶。制备气凝胶最常用的方法就是冷冻干燥技术，近些年来一些先进的技术如静电纺丝技术、微流控技术、雾化干燥等也越来越多地应用于气凝胶的制备，通过新技术的引入，凝胶的质量也在不断提高，尤其是其密度参数一次次被刷新。表 1-1 通过举例展示了近 20 年主要的气凝胶发展历程，体现了该技术在科技领域的进步。

表 1-1　近 20 年气凝胶发展历程实例

时间/年	原材料	密度/(g/cm³)	特点及应用
1999[87]	二氧化硅	30	用于彗星尾部尘埃微粒的捕捉
2001[88]	碳纳米纤维	—	具有高抗压强度和凹陷系数
2005[89]	有机酚	0.15	溶胶凝胶缩聚
2007[90]	硫化物/金属	0.12~0.17	应用于半导体材料
2008[91]	纤维素纳米纤维	0.02	凝胶生物支架
2010[92]	纤维素(细菌)	—	纳米磁驱动凝胶颗粒
2012[93]	石墨烯	1.83	具有高导电性及弹性的有序微孔
2013[94]	碳纳米管/氧化石墨烯	1.63	良好的吸油性质
2014[95]	聚丙烯腈/苯并噁嗪(PAN/BA)和二氧化硅	1.2	将凝胶原料拓展到纤维领域

气凝胶内部 98%以上是空气，又称为"凝固的烟"[96]。自 1931 年以来，许多气凝胶以无机材料为原料获得了独特的微观结构，从而使其具有许多优异的性能，如高孔隙率、高比表面积、低密度和低热导率等。目前，多数的气凝胶材料是基于无机硅制得的纳米多孔结构。然而，近年来越来越多的学者开始利用其他材料获得多样的气凝胶(表 1-2) [97]。近期，由碳纳米纤维制得的高性能气凝胶也成为一个研究热点[98]。除此之外，一些学者将无机金属元素混入硅气凝胶和碳

纳米纤维中，从而制得了具有磁性的气凝胶材料[99]。有机气凝胶最初常用石油化工原料来合成。例如，利用混甲酚和甲醛作为原料得到的混甲酚-甲醛气凝胶，最大比表面积达到了 627m²/g[100]。但是，这些石油化工原料存在毒性大和不能生物降解等问题[101, 102]。因此天然高分子作为原料制备气凝胶成为新的发展趋势。利用植物纤维素的衍生物为原料，经过溶胶-凝胶法和超临界 CO_2 干燥技术，得到的纤维素基气凝胶具有高冲击强度，比表面积达到了 389m²/g[103]；以淀粉为原料，通过溶胶-凝胶法和超临界 CO_2 干燥技术制备了气凝胶，并分析得出支链淀粉比直链淀粉对于凝胶三维多孔结构的形成有更好的效果[104]。混合气凝胶是将无机材料与有机材料结合制备的气凝胶。这种气凝胶结合了两种不同种类材料的优点，近来已越来越受到人们的关注[105, 106]。有机材料与硅结合制备气凝胶最为常见，如 3-氨丙基三甲氧基硅氧烷(APTMS)、甲基三乙氧基硅烷(MTES)和二甲基二乙氧基硅烷(DMDES)等。有机材料与硅结合制得的气凝胶的性能与单独二氧化硅制得的气凝胶相比有明显的提升[107, 108]。除此之外，聚乙烯醇(PVA)与碳纳米纤维结合制得的气凝胶性能明显优于单纯的碳气凝胶[78]。

表 1-2　各种气凝胶的物理特性

物理特性	硅基[109]	石墨烯[84]	碳基[97]	树脂[110]	纤维[111]	树脂/纤维素[112]
热导性/[W/(m·K)]	0.013~0.016	—	<0.15	0.002~0.018	—	—
孔隙率/%	80.0~99.8	高达 99.8	高达 99	80~98	~98	71~93
比表面积/(m²/g)	100~1000	—	800~1000	600~1000	250~389	80~250
密度/(mg/cm³)	0.5~3	0.18~10	0.16~10	~3	~20	13~26

合成气凝胶的基本原理是利用干燥技术移除凝胶中的无机或有机溶剂，与此同时保留凝胶的完整骨架。在气凝胶加工合成初期，科学家主要采用溶胶-凝胶法和模板导向法进行制备[113]。近年来，超临界 CO_2 干燥技术得到了广泛的应用。这种技术赋予凝胶特有的结构特性，即低密度、高比表面积和高孔隙率等，从而获得了"碳海绵"，并且可以任意调节其形状。这令生产过程更加便捷，也使这种超轻材料的大规模制造和应用成为可能[114]。

静电纺丝作为一种高效快速制备纳米纤维的技术，已成为国内外制备生物高分子材料的重要手段之一[115]。传统方法制备的膜材料具有质脆、易溶于水、结构及热稳定性较差等不足。静电纺丝技术制备的纳米纤维膜，能有效改善天然高分子膜材料结构和性质，克服其结构热稳定性较差等缺点。东华大学俞建勇院士、丁彬研究员带领的纳米纤维研究团队利用静电纺丝获得高品质纳米纤维膜，经过均质分散、冷冻干燥和固化交联等一系列处理，最终获得了超轻、超弹的纳米纤维气凝胶[116]。天然 KGM 溶于水可以形成多功能水凝胶，与不同材料复配可以制备高性能的多孔气凝胶。图 1-1 所示为 KGM 与硅基材料复合制得的多孔气凝胶。

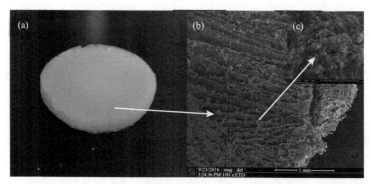

图 1-1   (a)KGM/Si 多孔凝胶；(b)凝胶 SEM 图像；(c)KGM/Si 多孔凝胶孔壁形貌

2. 微胶囊凝胶的合成及其应用研究进展

微胶囊化是一种将不同状态下(固态、液态和气态)的敏感(不稳定)成分包埋于或完全包裹于一些材料中的技术，由于制备的产品大多为胶囊颗粒，所以称为"微胶囊化"。微胶囊化是一种先进的可以稳定食品中敏感物质的凝胶合成技术，除了可以稳定食品中的化学成分，在益生菌包埋与稳定中也取得了很大的突破[117, 118]。本书第 4 章内容正是利用微胶囊技术实现了对嗜酸乳杆菌的包埋与稳定。目前，许多科学家都通过实验研究了微胶囊技术对益生菌的保护作用，尤其是在胃肠道中的保护作用；同时一些科研人员还研究了微胶囊化益生菌在不同食品加工过程中的稳定作用[119]。除上述的稳定性作用外，微胶囊技术对非食物发酵过程中产生不同的代谢化合物(如乙酸)具有掩蔽作用，可以提供许多有利的条件。不同配方的微胶囊粉末材料决定了整个微胶囊的水分活度和氧气渗透量[120]。因此，益生菌微胶囊化后的存活率是一个非常关键的因素，此外，益生元(如菊粉、聚葡萄糖、小麦糊精、低聚果糖和低聚半乳糖)在微胶囊技术中被用来进一步改进产品品质，也获得了越来越多的关注。这些成分被认为可以大大改进微胶囊技术，尤其是在喷雾干燥和冷冻干燥等技术中可能导致益生菌的存活率严重下降的极端温湿度条件，所以益生元的引入将会从另一角度促进微胶囊化益生菌的稳定[121-124]。随着食品中各种不稳定成分因这项技术的应用而得以最大限度的保护，微胶囊化已经成为功能性食品领域中一项非常重要的核心技术。

在日常生活中，许多食品都会通过添加益生菌来获得更高的价值。这些产品包括发酵和非发酵的乳制品、冰淇淋和冷冻甜品、果汁、花生酱、谷物食品和低脂的酱料等。食品中最常被添加的益生菌是嗜酸乳杆菌、双歧杆菌以及在发酵食品中使用的酿酒酵母。在不同的食品微环境中，多种因素都会影响益生菌的行为和活性[125]。因此，我们必须考虑能够使这些益生菌存活和达到代谢活性的必要条件。影响益生菌存活的因素一方面是内在因素，如培养基的选择、益生菌生长阶段适宜的温度和渗透压；另一方面是外部因素，如 pH、氧气含量、食品加工条件和食物储藏时间等。因此，益生菌在胃肠道中的运输过程是一个必须要考虑和克服的生物因素[126]。因为环境的 pH 从胃液的酸性到肠液的碱性发生了很大的改变，这导致了活菌数的急剧下降。基于上述分析，任何能够提高益生菌在胃肠道中活性的技术都可以在食品加工过程中得以应用，如选择最高初始活力的菌株、使用细胞保护剂、改良菌株以适应特殊的物理化学变化、转基因[127]、益生菌的包埋[128]，以及采用本书在一开始提到的微胶囊化技术[129]。

　　益生菌包埋技术和胶囊材料的选择是微胶囊化过程最重要的因素，将最终决定微胶囊的形态和功能性。材料本身就决定了微胶囊的尺寸、形态、质地、多孔性及其他一些影响胶囊包埋成功率和益生菌稳定性的性质。由于益生菌主要用于食品添加，所以食品级天然高分子(如海藻多糖、壳聚糖、果胶、淀粉、卡拉胶和乳蛋白)是被研究和应用于微胶囊化最多的一类物质。当然，这些天然高分子材料也被证明在不同条件(如胃酸、胆汁和酶解)下具有保护益生菌的良好性能或表现出一种溶液缓冲功能，可以作为一种优良的物理保护屏障[130]。此外，这些生物大分子还具有成本低和生物相容性高的优点。

　　微胶囊包埋技术多种多样，其中，乳化、喷雾干燥和挤压是研究与应用较多的方法，由于这些方法相对比较成熟，所以在工业中也常被采用。但是，一些新技术的出现改变了微胶囊工业化现有的格局，这些新技术包括复合凝聚、振动挤压和微流控技术等[131]。这些新技术在许多方面体现出了先进性，包括细胞包埋效率的提高、胶囊形态的可调控以及许多功能性质的实现等。最重要的是，这些技术都在不同程度上适用于益生菌细胞的微胶囊化。Zhao 等采用喷雾干燥技术对嗜酸乳杆菌进行了微胶囊化研究，该研究采用 β-环糊精和阿拉伯树胶混合作为胶囊壁材获得了圆形和椭圆形的微球，显微镜观察下发现嗜酸乳杆菌被包埋在微胶囊的中心[131]。Liu 等研究了海藻胶中的羧基基团在益生菌微胶囊化过程中的作用，该研究采用海藻酸钠接枝聚丙烯酸钠合成食用半天然聚合物提高胶囊的抗腐蚀性能，动物试验表明益生菌接枝后在微胶囊中的存活率高于单纯海藻酸钠制得的微胶囊[132]。Chen 等采用海藻酸钠包埋益生菌，并用壳聚糖进行固定化包埋，研究了微胶囊化的乳酸菌对致病菌的抑制作用，研究表明微胶囊增强了对嵌入式益生菌的保护作用，但也可能导致底物对这些微生物的可用性改变[133]。肖宏等开发了一种益生菌双嵌段微胶囊技术，获得的双嵌段微胶囊能抵抗胃酸和胆汁酸，在货架期稳定，到达小肠后立即溶解和释放，并能吸附在肠黏膜上。该技术生产过程简单，成本低得多[134]。图 1-2 所示分别为利用乳化法获得的 KGM/海藻酸钠微胶囊和 KGM/壳聚糖微胶囊显微图像和 SEM 图像。

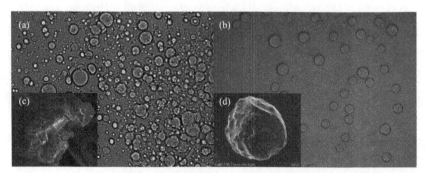

图 1-2　乳化法获得的 KGM/海藻酸钠微胶囊(a) 和 KGM/壳聚糖微胶囊(b)

(a) 和 (b) 是显微图像；(c) 和 (d) 是 SEM 图像

　　除微胶囊本身的质量好坏外，技术成本是工业化生产的一个非常重要的指标。一方面，在所有的微胶囊技术中，虽然 Chavarri 等认为喷雾干燥和复合凝聚法是成本最低的技术，但是喷雾干燥由于加热造成大量的活菌死亡，所以很少被应用于益生菌微胶囊化的生产[135]。Burgain 等研究表明，振动挤压是一种相对便捷且低成本的加工方法[136]。另一方面，微胶囊技术可以从理论上降低食品中益生菌的添加成本，这也是该技术在食品科学与工程中应用的一个初衷，即在最大限度地保护生物细胞存活率的基础上，大大减少这些生物制剂在食品加工过程中的添加量，从而以更低的成本获得更高质量的产品。

3. 微纤维凝胶的合成及其研究进展

　　微纤维材料在如今的科技领域，尤其是材料领域扮演着十分重要的角色。它们独特的机械性能、导电性能，以及良好的微孔调控性能，在生物医药、化学催化、纳米材料合成等领域有着广泛的应用。这些微米级和纳米级纤维材料的发展也推动了新材料、新设备和新技术的不断发展。先进的连续纤维在过去几十年里由于其高强度、刚度和连续性而在结构材料和复合材料领域产生了一场革命，纤维力学性能随着纤维直径的减小而显著提高。因此，发展具有微米级甚至纳米级直径的先进连续纤维具有相当大的意义[137]。迄今为止，科学家已经开发出各种各样的纺丝方法来制备微米或纳米纤维，在这其中最常用的两种方法是静电纺丝技术和微流纺丝技术。这些方法可以控制纤维凝胶材料的形状、表面特征和化学成分，它们组成的 2D 和 3D 支架可以提供化学和物理信号来调节细胞行为，主要包括细胞黏附、增殖、细胞外基质(ECM)的产生、形态发生和分化[138, 139]。以下分别对静电纺丝和微流纺丝技术及其应用进行简要的综述。

1)静电纺丝

静电纺丝是一种利用静电力从液体中产生精细高分子纤维的制造工艺,这种纺丝系统通常由三个部件组成:高压电源、连接注射器的纺丝针和金属收集器。高压电源在纺丝针和接地金属收集器之间引入一个高电位,由于表面张力作用,高分子溶液在针的尖端形成半球并逐渐在电位作用下被拉长形成泰勒锥;进一步增加的电势使高分子溶液克服了表面张力,并向金属收集器形成高分子射流;在这种喷射过程中溶剂蒸发,溶液逐渐浓缩并在凝固之前到达金属收集器。静电纺丝技术是两种主要的静电雾化技术之一,另一种静电喷雾技术用来制备单分散的微球,而静电纺丝技术则可以让高分子液体在高压下形成连续的纳米纤维[140-142]。静电纺丝技术相关的首个专利是在 1934 年被授权的,但真正应用于工业生产是在 20 世纪 90 年代[143]。

静电纺丝过程由于高压和高温的存在,所以也是一种干燥技术,即形成的通常是较为干燥的纳米纤维膜。静电纺丝的高分子纺丝液需要有较高的黏性,这样才能获得光滑连续的纳米纤维,纤维的直径一般为 100nm,甚至更小[144]。图 1-3 所示为静电纺丝过程的示意图,以及本书使用的主要高分子材料——魔芋葡甘聚糖的纺丝 SEM 图像。静电纺丝的基本原料:一是高分子,二是溶剂。理论上讲,只要能够找到合适的溶剂,绝大多数的天然和合成高分子都可以通过静电纺丝技术获得微纤维凝胶材料。迄今为止,已经有超过 200 种高分子成功通过静电纺丝获得了纳米纤维[145, 146]。但是,根据微纤维在各领域的不同应用,高分子的结构性质,如机械性能、可降解性和生物相容性等,就是一个不得不考虑的问题。

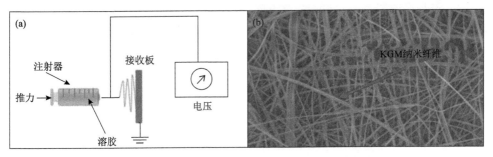

图 1-3 静电纺丝示意图(a)和 KGM 静电纺丝 SEM 图像(b)

目前,已经有许多具有生物相容性和生物可降解性的合成高分子材料,如聚己内酯(PCL)、聚乳酸(PLA)、聚乳酸-羟基乙酸共聚物(PLGA)、聚乙烯醇(PVA)、聚氧化乙烯(PEO)和丙交酯/己内酯共聚物(PLLACL),直接通过静电纺丝技术在生物医药、组织工程和食品科技等领域得到应用。在上述的应用领域中，材料的可降解性和机械性能都是必须关注的重点，但在通常情况下单一的材料很难两者兼得。因此，向合成材料中复配其他天然高分子材料是一种常用的做法[147]。应用于静电纺丝的天然高分子材料分为两大类：一类是天然的蛋白质，如胶原蛋白、明胶、纤维蛋白原、弹力蛋白和丝素蛋白等；另一类是天然的多糖，如壳聚糖、葡聚糖、海藻多糖、透明质酸和硫酸软骨素等[148]。尽管这些天然的高分子材料能够提供良好的生物合成环境，但是它们也有自身的缺点，一方面，纯天然的高分子在静电纺丝过程中成丝很不稳定，对各个参数要求很高；另一方面，这些生物大分子具有很高的生物相容性但又极易被降解，所以在很多领域中的应用很难持续发挥作用[149]。例如，壳聚糖作为一种最常用的天然多糖材料之一，由于分子内含有较高的电荷密度和较多的氢键限制了其应用；海藻多糖是另一种常见的天然高分子材料，但由于其阴离子基团间的分子排斥作用，目前还没有办法单独通过静电纺丝技术形成纤维；魔芋葡甘聚糖相比前两种多糖成本低，不带电荷且具有更高的黏度，虽能够通过静电纺丝获得单纯的魔芋葡甘聚糖纳米纤维，但质量远达不到合成高分子材料的要求。因此，天然高分子通常都会与合成高分子混合纺丝，如 PEO 和 PCL，在获得高质量微纤维凝胶材料的同时提高了材料本身的生物相容性和生物可降解性。当然，通过与合成材料的结合，天然大分子的生物性质可能受到一定的影响[150]。

　　静电纺丝技术中纺丝液的溶剂是另一个非常重要的因素。纺丝液的溶剂不仅能够很好地使高分子混合物分散在溶液中，获得较高浓度的溶液或溶胶，而且能够在静电纺丝的过程中快速在空气中挥发，这样才能使高分子材料在接收器上形成纳米纤维。当然，溶剂的挥发性需要控制在一定的范围，因为挥发性高的溶剂很容易造成纺丝针头的堵塞，这样会大大影响整个纺丝过程的连续性及纤维的质量[151]。此外，溶剂能够在很大程度上影响高分子的溶胶黏度、表面张力及传导性质等，所以在纺丝前选择适合的溶剂是十分重要的。在所有的溶剂中，水是最理想也是最常用的一种溶剂，因为它的成本低、易获取且安全性高。然而，对于高分子材料来说，尤其是合成的高分子，很多都具有一定的疏水性，很难溶于水中，或水溶解性不高。因此有机溶剂成为另一个选择，常用的有机溶剂有六氟异丙醇（HFIP）、二氯甲烷（DCM）、丙酮、乙醇、氯仿、四氟乙烯（TFE）、三氟乙酸（TFA）和二甲基甲酰胺（DMF）。虽然有机溶剂对高分子材料有良好的溶解性，但是其最大的缺点是具有毒性，限制了其在生物、食品等领域的应用[152]。

　　2）微流纺丝

　　微流纺丝技术的建立是在微观流体动力学基础上实现的。流动的流体在微通道中的动力学行为与在宏观大环境中的相比有很大差别，这是因为在这两种不同的环境中，流体的表面张力、能量耗散及流体阻力具有显著的差异。相对于静电纺丝来说，它是一种常见的"湿纺"技术[153]。当然，微流纺丝更能够获得理想的尺寸和空间可控的高度有序的连续微纤维[154]。从微纤维形成的机理来划分，可以将微流纺丝技术分为两大类：第一类是利用纺丝液具有的高黏度通过接收器的平移和旋转获得有序的微纤维和阵列，这种方法对高分子本身的凝胶性质具有很高的要求，但在设备和操作上是较为简单的一种[155]。本书第 5 章内容便是利用这种微流纺丝技术以魔芋葡甘聚糖为原料合成了一种高度有序的微纤维阵列（图 1-4）。第二类是利用微流控技术获得微纤维凝胶，该技术是一种在微尺度的芯片或通道中对流体进行精细调控的技术。现代化材料加工合成通过引入微流控技术可以对极小流量的流体进行微调控，从而开发出先进的化学反应阵列和批量的微结构材料，如微球、微纤维和微管。基于此原理，通过对微流控通道的特殊设计，可以建立由样品主流体和外部鞘流体组成的三维同轴流动加工过程[156]。三维同轴流动流体进一步通过不同的机理（主要包括紫外光、离子化、化学交联和溶剂交换等）固定化后便形成了固定化的微纤维材料。在微通道中流体的流动行为与散装流体不同。因此，利用特殊设计的微通道，可以建立由样品和鞘流组成的三维同轴流动。通过利用紫外光、离子化、化学交联和溶剂交换固化同轴流动液体，可以生产固化纤维[157]。围绕样品流动的三维鞘流体可以作为一种很好的润滑剂，防止通道壁与样品之间的直接接触，从而防止微通道堵塞。

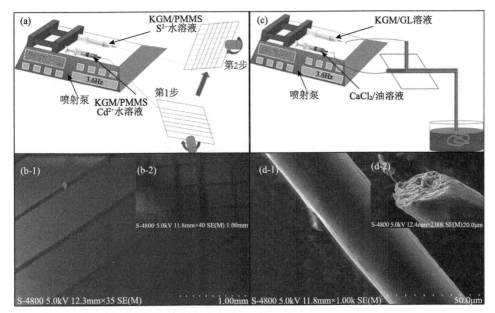

图 1-4 （a）直接成丝的微流纺丝示意图；（b）KGM 微流纺丝单向（b-1）和双向（b-2）SEM 图像（直接成丝）；（c）交联成丝的微流纺丝示意图；（d）KGM 微流纺丝纤维（d-1）及其截面（d-2）SEM 图像（交联成丝）

微流纺丝技术的一大优势是它非常适用于天然高分子材料微纤维的加工与合成[158]。一方面，使用微流纺丝技术制备微纤维的过程可以单独使用天然高分子而不添加合成高分子，大大降低了原料的毒性；另一方面，天然水凝胶大多具有良好的生物相容性、较高的生物可降解率以及简易的机械可调控能力，这使其能够在生物医药和食品工程领域有潜在的应用价值[159]。此外，微流纺丝技术可以在一种温和的条件下进行，不需要高压和加热等条件，因此可以极大限度地保留材料的原有性质，特别是在敏感性成分包埋的过程中能够降低活性成分的损失[160]。大多数天然高分子可以直接进行微流纺丝，这也意味着这些高分子不需要通过降解改性就可以简单地进行材料加工[161-163]。在前面提到，利用微流控技术进行纺丝可以建立由样品主流体和外部鞘流体组成的三维同轴流动加工过程，同轴流体进一步通过不同的机理固定化便形成了固定化的微纤维材料。目前，不同的高分子材料，包括天然高分子(海藻多糖、胶原蛋白和壳聚糖等)和合成高分子[聚氨基甲酸酯(PU)、丙烯酸-4-羟基丁酯(4-HBA)、双丙烯酸酯聚乙二醇(PEG-DA)和聚乙烯醇(PUA)]，都可以通过不同的交联方法固定化形成微纤维[164-166]。在微流纺丝过程中，三维同轴流体的形成是为了进一步实现纺丝纤维的交联固定化；而交联过程中的交联剂及高分子前体物质则会影响纺丝纤维的机械性能和多孔性。应用于微流纺丝技术的交联方法主要分为以下几种。

(1)光聚合交联法：紫外光是最常见的光源，通过光照射流体进行固定化[167]。PEG-DA 和 4-HBA 常用于光聚合交联材料的合成，在加工过程中同时引入光引发剂最终获得固定化的微纤维[168]。尽管光聚合交联是一种简单、易行且稳定的方法，但由于紫外光辐射可能对生物细胞产生危害，且可能导致材料的不可降解，所以光聚合交联在生物医药、组织工程中的应用存在一定的局限性[169]。

(2)离子和化学交联法：这两种方法都常用于合成具有生物可降解性和生物相容性的微纤维材料，主要是使高分子链与交联剂之间产生相互作用而固定化[170]。两种方法的不同之处是离子交联产生的是非共价键，而化学交联通常指两种物质间产生了共价键[171]。交联过程常用的高分子材料有海藻多糖、壳聚糖、明胶-羟基苯丙酸(Gtn-HPA)和五氧化二钒等[172]。

(3)溶剂交换法：溶剂交换法是一种基于高分子溶液与非溶剂之间扩散传质的凝聚交联方法，该方法主要利用两亲性嵌段共聚物的生成最终合成聚合微纤维，如聚苯乙烯聚丙烯酸(PS-b-PAA)高分子的加工合成[173]。

1.2 魔芋葡甘聚糖的性质及改性研究

魔芋是天南星科草本植物，广泛分布于我国云南、贵州、四川等省的低纬度高海拔山区，在其他亚热带季风气候的国家也有分布，如缅甸、越南、日本等。种植品种有花魔芋和白魔芋等 100 多种，因白魔芋的种植条件苛刻，所以我国目前多以花魔芋为主[174]。魔芋葡甘聚糖(KGM)来源于新鲜的魔芋块茎[175]。根据杂质含量和目数不同，可将魔芋块茎为原料制成的魔芋粉分为魔芋微粉与魔芋精粉[176]。其中 KGM 干基含量≥85%、目数≥120 的魔芋精粉是较常用的实验原料。KGM 可溶于水，可形成高黏度、强吸水性、成膜性良好的稳定性胶体[177]。中国是利用资源植物——魔芋最早的国家(先药用，后食用的历史已有 2000 多年)，但是对其缺乏深入的研究，因此目前对于 KGM 资源的深加工利用远落后于其他国家，工业产值与资源丰富度不匹配。

1.2.1 魔芋葡甘聚糖的结构与功能

KGM 是魔芋块茎中所含的储备性多糖，是一种水溶性的非离子型多糖，易溶于水，不溶于甲醇、乙醇、丙酮、乙醚等有机溶剂[174]。一般认为它是由 β-D-葡萄糖和 β-D-甘露糖以 1∶1.6 的摩尔比，主要通过 β-1,4-糖苷键连接起来的高分子多糖。根据魔芋种类的不同，以及葡甘聚糖的提取和纯化工艺的区别，KGM 的分子质量在 20 万~200 万 Da 之间[175]。KGM 凝胶和其他天然的水凝胶一样，在加热和加工储藏的过程中分子质量都会下降。KGM 多糖主链连接一些支链和一些葡萄糖残基，主要是 β-1,4-葡萄糖残基与主链上的葡萄糖以 1,3-糖苷键相连[176]。KGM 分子链中每 32 个葡萄糖残基就会有一个侧链，每一个侧链又都包含几个葡萄糖残基。乙酰基是 KGM 分子链的一个特征基团，是 KGM 具有溶解性的重要原因之一，每 9~19 个糖单元就会包含一个乙酰基[177]。与其他多糖化合物相比，KGM 的物理化学性质较为特别，具有很高的黏度、良好的吸水性、保湿性、成膜性、增稠性和胶凝性，这些性质使之具有很好的应用前景[178-180]。

图 1-5 所示为通过软件模拟获得的 KGM 中各个单元的分子 3D 结构，它们分别为 β-D-葡萄糖(G)、β-D-甘露糖(M)和乙酰基(Ac)的单元结构，多糖的最小分子重复单元包含了 38 个由 M 和 G 组成的糖环(图 1-6)。

图 1-5　(a)β-D-葡萄糖结构模型；(b)β-D-甘露糖结构模型；(c)乙酰基结构模型

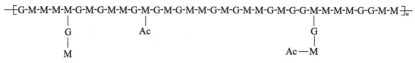

图 1-6　KGM 最小重复单元的线型分子链结构

n 代表聚合度

利用软件模拟，在线型分子链的基础上对 KGM 进行结构优化，通过分子动力学模拟获得最有可能的 KGM 线型分子的 3D 链式结构(图 1-7)。

图 1-7　KGM 分子链优化模型

KGM 水溶胶成膜性良好，脱水后可以制成透明度好和致密度高的薄膜，在保鲜方面应用广泛[181]。KGM 凝胶的形成受到很多外界因素的影响，如温度、浓度、pH、盐离子等[182]。在食品工业中，尤其是在魔芋仿生食品的研发中，KGM 凝胶的稳定性是一个被关注的焦点，因为在高温和长时间的储藏条件下，其容易失去水分。由于分子中存在多个可反应的羟基，KGM 可与多种交联剂发生交联反应[183]。交联是指线型或支型高分子链间以共价键连接成网状或体型高分子的过程，分为化学交联和物理交联[184]。化学交联一般通过缩聚反应和加聚反应来实现，如橡胶的硫化、不饱和聚酯树脂的固化等；物理交联利用光、热等辐射使线型高分子交联。线型高分子经适度交联后，其力学强度、弹性、尺寸稳定性、耐溶剂性等均有改善[185]。交联常被用于高分子的改性，KGM 交联的形式包括物理交联和化学交联[186]。

1.2.2 魔芋葡甘聚糖的理化性质

1. 魔芋葡甘聚糖的水溶性及其流变性质

KGM 易溶于水，能吸收相当于自身体积 100 倍的水。KGM 颗粒是由一个线型多糖大分子链缠结而形成的，巨大的分子量致使 KGM 大分子在水中的扩散速率大大降低，分子链之间相互碰撞黏结[187]。当 KGM 与水接触时，水分子进入并被吸收到多糖的分子链中，逐渐使颗粒膨胀到原来体积的 200 倍，并将其变成黏性液体。KGM 水溶液呈现高黏度性质，黏度可达 $2 \times 10^4 \text{mPa} \cdot \text{s}$ 以上[188]。根据 KGM 的结构可知，KGM 分子链含有大量的羟基和羧基等亲水基团，这些亲水基团通过氢键、诱导偶极、分子偶极等作用力与水结合[189]。此外，KGM 分子链中的乙酰基也是影响其溶解性的关键因素，在大量乙酰基存在的情况下，KGM 的水溶性较强，脱去乙酰基后，便形成了不可逆的凝胶。但是，KGM 不溶于甲醇、丙酮等有机溶剂[190]。KGM 水溶液是一种假塑性流体，其特征是剪切变稀。随着剪切速率的增加，KGM 水溶液的黏度下降；当停止搅拌时，水溶液的黏度又回升，这说明 KGM 水溶液的稳定性较差。KGM 水溶胶的流变性能对食品加工过程产生较为明显的影响，该性能与材料学中制备微胶囊和微纤维等凝胶材料密切相关[191]，主要受浓度、温度和机械力等因素的影响。首先，对于高分子溶液，不同的浓度会导致大分子之间的相互作用产生显著的差异，黏度是反映这种差异的一个最直观的指标。研究发现，KGM 水溶胶随着浓度的增大，黏度也在上升[192]。在浓度小于 0.7%时，黏度的变化较为缓慢；但浓度大于 0.7%后，黏度开始急速增加。其次，温度是影响高分子溶液的又一个重要的因素。温度升高会增加溶液分子的运动，而分子的强烈振动会破坏分子间非共价键的束缚，如氢键，从而导致溶液的黏度发生变化[193]。KGM 水溶胶的黏度随着温度的升高而降低，研究发现，在温度在 50℃左右时，黏度的变化率最大。最后，机械作用同样会对高分子溶液造成影响，前面提到，KGM 溶胶是一种假塑性流体，所以在常温下具有明显的剪切变稀现象。因此，KGM 溶胶的黏度会随着剪切速率的增加而减小，同时随着浓度的升高，其假塑性会越明显[194]。温度也会影响 KGM 溶胶的假塑性，温度越低，假塑性特征越明显，当温度高于 85℃时，KGM 溶胶接近于牛顿流体[195]。

2. 魔芋葡甘聚糖的凝胶性

KGM 溶于水后在不同的外界刺激下可以形成凝胶。在酸性条件下，KGM 可以形成稳定的溶胶；但在碱性条件下，由于多糖链中的乙酰基被脱去，KGM 从双螺旋状开环变为裸状，分子链之间相互缠绕形成三维网络结构，分子链进一步聚集和缠结，形成了具有弹性的不可逆凝胶。加热也会使 KGM 形成不同种类的凝胶，主要包括热可逆凝胶和热不可逆凝胶。在碱与加热的双重作用下(pH=9～10，85℃)，KGM 可以形成碱性的热不可逆凝胶，这种凝胶一旦形成可以在 200℃下保持稳定[196-198]。利用 KGM 的这种性质，食品工业中已经制备出不同类型的产品，如魔芋蛋糕、魔芋面条和魔芋冷冻食品等，都具有很好的加工和储藏稳定性[199]。KGM 除自身能够形成凝胶外，还是一种很好的凝胶剂。在食品工业中，许多产品依靠亲水胶体的胶凝特性形成特殊的形状或结构，并且能够保证在一定温度下及时解冻[200]，如卡拉胶、果胶、明胶和海藻胶都属于这一类。黄原胶等大分子多糖本身不能形成凝胶，但是与 KGM 复配后，通过氢键等分子内、分子间作用力协同增效，便可以形成热可逆凝胶，这种复合凝胶在 40℃下为固体状态，但当温度高于 50℃后，便开始慢慢熔化。复合凝胶的可逆性在果酱、布丁和一些酱料中得到很好的应用[201]。

3. 魔芋葡甘聚糖的成膜性

KGM 水溶液具有一定的黏稠性，经干燥后可形成致密、光滑、透明度较高的硬膜，无毒、可食、可降解[202]。Rhim 和 Wang 制备了由琼脂、卡拉胶、KGM 粉末和纳米黏土组成的多组分水凝胶膜，使其持水能力显著提高。包装新鲜菠菜的初步试验结果表明，三元生物凝胶薄膜具有用作高呼吸农产品包装的潜力。此外，凝胶薄膜对革兰氏阳性菌单核细胞增生李斯特菌显示出抗菌活性[203]。KGM 由于具有生物相容性、无毒性和良好的成膜能力而广泛应用于食品工业。然而，KGM 很少应用于生物材料的组织再生。Huang 等成功制备了经 Ca(OH)$_2$ 处理的 KGM 薄膜，其被认为是一种有前途的新型生物相容性伤口敷料[204]。Jin 等通过成膜性能研究了脱乙酰度(DD)对 KGM/黄原胶共混体系相分离的影响，通过紫外光谱仪、电子拉伸测试仪和 FTIR 分别对该共混体系透明度、力学性能和结构进行表征。研究发现，脱乙酰 KGM(DKGM)和黄原胶之间的氢键增强并且所得膜的表面光滑、平坦。该研究提供了一种通过成膜来研究两种大分子之间的相分离的方法[205]。为了更好地理解 KGM 成膜的基础，Xiao 等制备的 KGM-乙基纤维素(EC)混合膜显示出良好的机械和防潮性能。KGM 和 EC 之间的相互作用提高了KGM-EC 乳液的稳定性，并促成了均匀的成膜结构[206]。

1.2.3　魔芋葡甘聚糖的化学改性与应用研究

由于特殊的化学结构，KGM 具备多种优良性能，因而在很多领域具有潜在的应用价值。为了改善 KGM 的不良性能，研究者尝试了很多方法对其进行改性，并且取得了较好的效果[207-209]。

1. 脱乙酰基反应

KGM 的乙酰基是制备凝胶产品过程中具有低机械性能和低阻水性的主要原因之一，限制了 KGM 凝胶在食品和生物材料领域的应用。通过脱乙酰基改性，KGM 分子链构象发生变化，裸状分子链之间在氢键等分子间作用力的存在下相互碰撞缠结，形成具有三维空间网络结构的热不可逆凝胶[210, 211]。Rodgers 通过研究 KGM 的脱乙酰度对凝胶形成的影响，发现随着脱乙酰度的升高，疏水相互作用在凝胶形成的过程中逐渐占据主导地位[212]。Mao 和 Chen 利用 KGM 的脱乙酰基反应机理建立了一种 KGM 凝胶的动力学模型，并通过流变试验验证了其理论模型的准确性[213]。Pan 等利用脱乙酰基的 KGM 制备膜材料，发现 KGM 脱乙酰基后制备的高分子膜具有防水、抗热、机械强度高的优点[214]。此外，Tenkanen 等通过对半纤维素降解微生物的筛选，获得具有脱乙酰基能力的菌种，用于对葡甘聚糖的脱乙酰化，研究发现，纯化后的乙酰酯酶能释放乙酸作用于小分子量的葡甘聚糖[215]。

2. 酯化反应

酯化反应是一类醇与羧酸或含氧无机酸生成酯和水的反应。KGM 上的羟基与凝胶加工介质中的酸或酸酐在一定条件下能够发生酯化反应，生成相应的酯化产物，从而改善 KGM 的性能[216]。Zhao 等为了提高 KGM 的性质，利用没食子酰微晶纤维素酯，在 N,N-二甲基甲酰胺(DMF)溶剂中发生酯化反应，温度为 50℃，反应 4h，获得了高黏度的 KGM 改性凝胶[217]。Li 等利用磷酸氢二钠和磷酸二氢钠混合溶液作为酯化剂，在微波条件下对 KGM 进行了酯化改性，获得了酯化度为 0.0554 的 KGM，酯化后的 KGM 颗粒尺寸有明显的增大[218]。吴绍艳等利用焦磷酸钠对 KGM 进行酯化交联改性，改性 KGM 水溶胶透明度、黏度、抗菌性等均比未改性 KGM 溶胶明显改善[219]。Han 等成功制备了二酸酐酯化 KGM，从而降低了 KGM 吸水性，并研究了不同取代度对 KGM 吸水性能的影响[220]。Long 等以脂肪酶(Novozym 435)作为催化剂，在异辛烷介质中选用油酸对 KGM 进行酯化，酯化 KGM 的酯化度作为其改性的一个重要指标[221]。Zhang 等利用 KGM 自身的交联作用形成 KGM 凝胶颗粒，再用磷酸盐缓冲液对其进行酯化改性，并探讨了其酯化改性的最佳条件[222]。

3. 醚化反应

KGM 的醚化改性产物往往具有 KGM 不具备的优良性能，如黏度高、稳定性强、抑菌性好等，被广泛用于增稠、食品保鲜、医药缓释等方面[223-225]。KGM 羧甲基化是其醚化反应的主要方法。Chen 等研究了羧甲基 KGM 水溶胶的流变特性，结果表明，样品浓度和温度对其流变性能有很大影响[226]。Lan 等选用碳酸二乙酯与 KGM 进行醚化反应改性,并制备出具有致密网络结构的 KGM 膜材料[227]。Wang 等通过分子结构表征改进了 KGM 的羧甲基化改性方法,其主要过程是先将 KGM 与醚化剂共混反应,然后将其放入乙醇中进行碱化和催化处理[228]。Yang 等使用氯乙醇、硫酸二甲酯和丙烯酰胺等试剂与 KGM 发生醚化反应,获得了一系列改性的植物增稠剂[229]。Pang 等利用氯乙酸、氯乙醇对 KGM 进行醚化改性,从而改善了其性能并扩大了其应用范围[230]。

4. 接枝共聚

KGM 可与不饱和烯烃单体进行接枝共聚反应,生成的接枝共聚物在黏度、稳定性、机械性能等方面均有很大的提高[231, 232]。常用的接枝单体有丙烯腈、丙烯酸丁酯、丙烯酰胺、丙烯酸等。Liu 等用过硫酸铵作为引发剂,将 4-乙烯基吡啶与 KGM 进行接枝共聚,除对接枝率进行了比较外,还对某些参数对引发剂浓度的依赖性、硫酸浓度、单体强度、温度和反应时间进行了研究[233]。Dong 等利用高锰酸钾-硫脲作为引发剂,接枝共聚了 KGM 和丙烯酰胺,并研究了引发剂、接枝单体浓度、氢离子浓度、反应温度和反应时间等因素对接枝率的影响,确定了最佳反应条件[234]。Zhang 等研究了 KGM 的接枝共聚反应,考察了引发体系、引发剂浓度、单体 pH、反应温度和反应时间等因素对接枝共聚的影响[235]。Tian 等以 N,N'-亚甲基双丙烯酰胺作为交联剂,将丙烯酸与丙烯酰胺单体接枝于 KGM 分子链上获得了一种新型的 KGM 高吸水性树脂[236]。该课题组还采用焦磷酸锰配合物作为引发剂,制备了 KGM/丙烯酰胺接枝共聚物,并对其水溶性和增稠性能进行了研究[237]。

1.3　拓扑学及其在高分子科学中的应用

1.3.1　拓扑学概述

在数学上,拓扑是一种研究几何图形或空间在连续改变形状后还能保持性质不变的一门学科[238]。这种连续的变形过程包括拉伸、挤压和弯曲等,但通常不是撕裂和胶合,因为这两种变形很可能导致拓扑结构的变化。拓扑学的研究可以通过定义一系列的子集,又称为"开集",来满足一定的性质,然后将给定的子集转换为所谓的拓扑空间。拓扑性质主要包括连接性和紧密性[239]。拓扑学是在几何和集合理论研究的基础上,通过研究空间、维度和转化等概念而发展起来的学科。有关拓扑学的一些内容早在 18 世纪就出现了。当时发现了一些孤立的问题,后来这些问题在拓扑学的形成中占有重要的地位,主要包括哥尼斯堡七桥问题、四色问题和多面体欧拉定理[240]。"拓扑"一词是 J. Benedict 于 19 世纪提出的，直到 20 世纪初，拓扑空间的概念才得以发展。到 20 世纪中叶，拓扑学已成为数学的一个主要分支[241]。

1.3.2　高分子链拓扑学的统计力学理论

高分子链的统计力学理论适用于线型、未闭合的高分子链。近年来，对于高分子闭合分子链的研究越来越多。一方面，在食品化学和食品加工过程中许多链烃类有机物成分成为研究的焦点[242]；另一方面，许多封闭的环状分子，如 DNA 分子，在自然界中广泛分布，在生物细胞内，科学家发现了 DNA 在线型和闭合环之间不同形态的转变形式[243]。因此，闭合高分子的统计力学性质与线型分子的有很大不同，这种差异源于这样一个事实：在链闭合过程中形成的拓扑状态在分子的任何构象转换过程中都必须保持不变。这个问题与计算一个给定的拓扑闭合高分子链状态所形成的概率密切相关[244]。不同高分子统计力学的拓扑因素已经被研究了很多，但是关于闭合高分子链统计力学方面问题的解决方法目前还比较欠缺。其中最主要的困难是在算法的制定过程中，区分出链的不同拓扑状态。换句话说，一个给定缠结高分子线圈通过解开缠结形成一个最简单形式的封闭的链几乎是不可能实现的(图 1-8)。Crippen 一直试图通过开发一个算法逐步降低分子链投影下的自形成结点，以这种直接的方式解决这个问题[245]。然而，Crippen 的算法后来被证明是无效的[246]。Edwards 提出了一个结的积分不变式，但这个不变式后来又被证明是不正确的[247]。Frank-Kamenetskii 提出了利用代数拓扑的结果，在此基础上开发了高度有效的结点和链路的不变性，并利用蒙特卡罗方法在网格上生成了闭合链[248]。然后，人们可以计算封闭的聚合物分子与不同长度的孤立链的统计力学性质，以及两个封闭的聚合物链系统的统计力学性质。

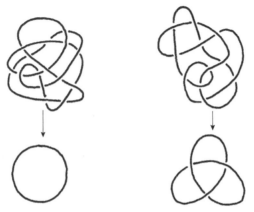

图 1-8　复杂高分子链拓扑缠结的简化模型

　　两种高分子链的拓扑相互作用在两种闭合链体系中产生的拓扑限制导致了它们之间的特定拓扑相互作用[251, 252]。在理想的状态下，两个高分子链没有额外的体积效应(无限小)。这意味着链之间的相互作用，以及同一链不同部分之间的相互作用是拓扑序从一个片段转化为另一个片段。如果两个链都是不闭合的，一个链的状态就不会依赖于另一个链的状态，因此它们之间就不会有拓扑相互作用[253, 254]。本书中我们只考虑高分子链的平衡性质，在不闭合的链中一段通道消除另一段通道会产生一些动力学效应，这些效应可能对于足够长的链来说是相当可观的。实际上，这两个链的闭合将系统转化为某种特定的拓扑状态，在任何随后的链的变形过程中，它必须保持不变。这种拓扑限制降低了系统的构象熵。因此，两个闭合的高分子链系统的自由能依赖于其拓扑状态和链之间的距离。特定拓扑状态的一对链的构象数是两个孤立闭合链构象数的总和，乘以一个给定拓扑状态在两个链的随机闭合过程中形成的概率[255-258]。我们假定 KGM 分子链为一个高分子闭合拓扑链，与其复合的另一种高分子物质为另一个闭合拓扑链。在两个链的随机闭合过程中，非交联状态下的拓扑链形成概率(P_0)是它们的质心之间距离 R 的函数。

　　蒙特卡罗分子模拟对于不同链长的计算都遵循式(1-5)：

$$P_0 = 1 - A_0 \exp\left(-\alpha_0 R^3\right) \tag{1-5}$$

式中，A_0 和 α_0 是链长度 L 的函数。R 与系统自由能的关系可视为链之间"潜在"的相互作用，如式(1-6)所示：

$$F_0 = -kT \ln P_0 \tag{1-6}$$

　　总之，拓扑限制在两个闭合的非交联高分子链中增加导致了它们之间潜在的反应，引起熵变。高分子链之间的这种相互作用必然导致含有闭合高分子的气体或溶液体系产生非理想化行为，其状态方程可以表示为

$$p = ckT\left(1 + cB\right) \tag{1-7}$$

式中，p 是高分子气体蒸气压，c 是气体(或溶液)单位体积内高分子的数目，B 是第二位力系数(作用于粒子上的合力与粒子矢径的标积)。这一数值(B)是由一对分子之间的相互作用决定的，并且可以通过潜在相互作用来计算。由式(1-5)和式(1-6)的计算可以得

$$B = (2/3)\pi\left(A_0 / \alpha_0\right) \tag{1-8}$$

　　由式(1-8)计算得到的 B 值如表 1-3 所示。研究两个高分子链之间的拓扑相互作用对它们之间相互排斥的影响，需要对 B 值和假设的刚性不可穿透球体的

气体标积值进行比较，它们的尺寸与高分子环的均方尺寸相对应。将闭合高分子链的旋转半径作为相应的刚性球的半径。

表 1-3　闭合非交联高分子链间相互作用的参数

L	α_0	A_0	B	B^*
20	8.2×10^{-2}	0.66	17	36
40	2.6×10^{-2}	0.75	60	101
60	1.2×10^{-2}	0.82	143	185
80	0.8×10^{-2}	0.87	228	286

注：B^* 对应于等效刚性球体的气体标积值[259]。

由表 1-3 可以看出，当 L 较小时，B 小于 B^*，但随着链长度 L 的增加，两者变得非常接近，这表明闭合非交联高分子链之间的拓扑相互作用有效地阻止了链的相互渗透。

1.3.3　高分子网络中的分子缺陷

固体无机材料的缺陷可以显著地影响其机械强度、离子或电子运输及其他物理性质[260-262]。这些缺陷也会影响其化学势及反应性。甚至可以说，缺陷工程在金属、半导体和陶瓷制造中起着关键作用。然而，缺陷对于有机高分子的合成在本质上是不同的。有机化学家倾向于以离散分子为目标，并致力于精确地关联它们的结构和性质。对于大分子物质，这种相关性较弱，尤其是食品研究领域的许多高分子，这些有机物的结构不像无机物那样规则和"完美"，而且常具有未知性[263]。此外，这些缺陷导致属性的不规则变化的程度是不确定的。因此，许多有机化学家将注意力局限于溶液中的小分子，而对有机大分子和材料产生疑问。然而，由于复杂的功能往往来源于复杂的结构，因此必须对大分子实体的结构完善、纯度和系统集成进行深入的研究[264]。

许多研究高分子的科学家仍然接受以分子大小和复杂性作为尺度的分子缺陷[265]。但以这一理论为基础，有许多关于高分子聚合物合成的问题不能被解答。例如，高分子及其衍生材料是否具有真正的特性？在高分子聚合过程中，如"定义良好的聚合物"或"精密合成"这样的术语在绝对完美的情况下使用[266]，而这种"精密合成"的缺乏限制了对材料性能的深入研究。例如，研究高分子网络的弹性行为是较为困难的，因为缺少交联键之间的单体链。聚合技术的开发实现了在分子量和分子结构上的调控。例如，在聚烯烃链中，取代基的位置和构型灵敏地影响其热和机械性能；在自由基聚合中，使用各种添加剂来控制链的增长和抑制副反应[267]。在共轭聚合物合成的碳碳偶联过程中，化学副反应限制了共轭聚合物的分子量，导致 sp^3 轨道中心包含中断或产生 π 共轭基团的激发能量的陷阱。这些特性会严重影响发光行为或电荷载体输运。有机高分子的性质也取决于分子堆积，分子堆积可导致固体结构的缺陷。在薄膜器件中存在的超分子结构，依赖于许多弱的、非共价的分子间作用力的相互作用[268]。高分子可以在外界刺激下形成微尺度的缺陷，这些缺陷可以形成大尺度的孔隙或裂纹，严重影响材料的机械性能。通过移动相填充裂缝和固定化作用可以对这样的缺陷进行修复，这种修复也可以在自愈合或者受外界刺激的条件下发生[269]。

分子缺陷从根本上控制着所有材料的特征，晶体学成功地描述了缺陷及其对某种程度周期性材料的影响，如硅、钢、共聚物和液态晶体。然而，了解非晶材料的缺陷仍具有挑战性。在高分子网络中，相关缺陷主要为拓扑性质，这些非晶态材料的拓扑性质主要取决于分子在材料中连接的方式。理解软材料的网络拓扑和特征之间的相关性也是巨大挑战之一[270]。高分子网络具有广泛的剪切弹性模量 (G') 范围，其值在 $\sim 10^2$ 到 $\sim 10^7$Pa 之间。共价键高分子网络一般通过动力学控制过程形成缺陷，它们具有环状拓扑缺陷。

1.3.4　基于拓扑结构的凝胶性能及解决方法

凝胶是利用多种有机和无机新型材料为原料，通过先进物理和化学技术手段而合成的一类大分子网络结构[271]。现代功能性材料的飞速发展使凝胶在各行各业有了广泛的应用。通过对不同柔性与多孔材料的选择和设计，结合分子间的网络交联与修饰技术，科学家合成了具有不同功能的凝胶材料[272]。凝胶的能力在于可以通过改变外界刺激（如温度、离子强度、pH、电化学刺激、压力和光等）来调整它们的形状和体积，从而可逆与不可逆地调整它们的理化性质[273]。凝胶可以基于多种不同的大分子物质，如合成高分子聚合物、多糖、多肽、DNA 等[274]。合成高分子聚合物的大量使用已经造成了严重的环境污染问题，同时在食品科学与技术领域中的应用又普遍涉及材料本身对人体的安全性[275, 276]。因此，找到一种可食性的绿色环保材料作为凝胶的制备原料，并将其应用于食品科学与技术领域具有十分重要的意义。

Miller 和 Macosko 运用递归方法推导聚合物网络中有限链或悬链出现的概率，指出了溶胶分数、交联密度和弹性有效网络链的数量之间的关系[277]。他们还提出了一种计算非线型聚合物平均分子量的方法：首先计算所有物种的分布，然后利用网络聚合物的递归性质阐述了一类基于官能团聚合凝胶的性能[278]。Rubinstein 和 Panyukov 提出了纠缠和非纠缠网络的统一模型，阐述了由于非仿射变形的存在，聚合物网络产生非线型弹性，通过引入仿射长度，分离了在较大尺度上的固体的弹性形变和在较小尺度上的液体的非仿射形变[279]。Akagi 等提出了运用仿射、幻影或接合仿射网络模型预测弹性材料的弹性模量[280]，使用具有均匀网络结构的 Tetra-PEG 凝胶进行了拉伸和撕裂测试，结果发现在聚合物浓度达到聚合物链重叠附近时，预测弹性模量的模型由幻影网络模型转换成仿射网络模型。该课题组还研究了四聚凝胶中的拓扑缺陷，指出弹性有效链的浓度可由弹性模量和使用树状 Miller-Macosko 模型的反应效率估算；在 Tetra-PEG 凝胶中发现拓扑缺陷，特别是缠结和环，指出了均匀的结构是由四臂星形聚合物在半稀溶液中的独特的不可穿透球状行为和独特的对称 A-B 型交叉端耦合形成的[281]。Patel 等针对聚二甲基硅氧烷(PDMS)网络进行了建模分析[282]，根据动态力学实验获得的网络平衡模量值，指出了缠结对弹性模量贡献的重要性。Hild 对明确结构的均质模型网络进行合成，然后用其结构参数来表征，比较了单轴变形和平衡膨胀数据。通过使用平衡溶胀和从聚(环氧乙烷)模型网络获得的弹性模量数据，得出了网络链的平衡弹性响应理论[283]。本书以一种天然高分子多糖——KGM 为凝胶模型高分子，研究探讨了凝胶网络的拓扑结构，从理论上分析 KGM 凝胶网络中拓扑构象变化，揭示 KGM 稳定性形成机理。

第 2 章　KGM 分子链拓扑结构及凝胶性能研究

高分子的拓扑结构是控制其在体相和溶液中静态及动态状态下的性质和功能的基础[242]。因此，设计新型的高分子拓扑结构一直是高分子科学和技术方面的挑战。多糖作为食品科学研究领域中一种重要的高分子物质，在食品加工过程中扮演着重要的角色。近几十年来，在拓扑研究领域形成了许多高分子拓扑研究的理论，如"星形"高分子、"H 形"高分子、"超 H 形"高分子、"绒球形"高分子、"巢型"高分子(聚合大分子单体)、"环型"高分子、"8 形"高分子、"蝌蚪型"高分子和"树形"高分子，这些理论都是根据高分子的形状来命名的[284]。链烃类、轮状化合物和结点是另一类拓扑独特(宏观)分子的研究热点，这些是通过前体组分中非共价相互作用来设计的[285]。拓扑学独特的(大)分子系统分类通常与其术语相关，因此这为不同化合物之间的结构关系及最终合成提供了有用的理论依据。在这些方面，已有研究报道了"树形"高分子的分类，以及结点、链烃类和轮状化合物[286, 287]。特别是，结点的基本数学理论一直是一个研究的热点，为在大分子化学研究中解释拓扑特征提供了条件。然而，食品科学中研究的多糖成分，尤其是本书研究的 KGM 是一种具有复杂结构的高分子。目前，很少有理论对这种线型高分子系统进行分类和研究，特别是由足够长且具有柔性的片段组分组成的环状和多环高分子结构，没有更加深入的理论支撑。

KGM 凝胶的形成及性能受到温度、浓度、pH、盐离子等因素的影响，在生产实践中，尤其是魔芋仿生食品的研发中，发现 KGM 的凝胶性能不好，在高温及长期储藏中，容易引起水分的散失，而且其凝胶要求的 pH 过高，不利于赋色、赋味等加工工艺。KGM 作为天然高分子多糖，能与多糖、蛋白质复配形成具有新特性的物质[288, 289]。本章内容在上一章内容的基础上采用三种不同的技术和方法对 KGM 进行分子修饰，从物理与化学的角度实现了 KGM 分子与其他复合物分子的交联，形成不同于 KGM 本身的稳定网络结构。根据高分子拓扑结构具有的不同形态，从而对 KGM 及其复合物进行分析，因为其不仅具有网状拓扑形态，还具有树形拓扑形态，所以非常适合通过研究对其进行总结和论述。这有助于在对食品材料进行功能调节和控制方面拓展思路和提供研究解决方法。

　　本章分析 KGM 与不同复合物交联的凝胶拓扑网络结构，欲制备出高稳定性和高实用价值的食品凝胶。为此利用构象网络理论来协助建立 KGM 数学模型，并且应用这些模型来预测其分子链的拓扑结构，从而为构建新型的 KGM 复合凝胶提供微观基础。如图 2-1 所示，本章研究基于拓扑缠结理论提出了三种不同的稳定凝胶拓扑网络的形成机制，并为之后的凝胶功能化研究提供理论基础。本章主要采用的三类交联物和技术方法：①选用硅基材料(硅酸钠、正硅酸乙酯和纳米二氧化硅)作为复合物，制备基于 KGM 的有机-无机复合多孔凝胶；②通过物理作用与化学降解所得的产物与生物多糖(海藻酸钠和壳聚糖)复配，制备基于 KGM 的复合多糖微胶囊凝胶材料；③选用高分子材料(聚乙烯吡咯烷酮、聚丙烯酰胺和聚丙烯酸钠)作为交联剂，制备基于 KGM 的聚合高分子微纤维凝胶材料。结合构象网络拓扑理论，本章研究提出了三种不同的 KGM 凝胶拓扑结构：①KGM 网格式网络结构；②KGM 交联网络结构；③KGM 双网络结构。本章内容从理论上全面分析了 KGM 复合凝胶的拓扑网络稳定性与流变特性，揭示了 KGM 复合凝胶的拓扑稳定机制，为之后的研究提供了原料选择与工艺参数的理论依据。

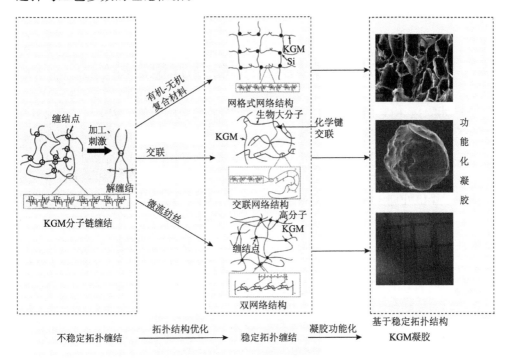

图 2-1　KGM 稳定拓扑结构形成及其凝胶功能化流程图

2.1 KGM 网格式凝胶制备及其稳定性研究

取 1g KGM 粉末分别溶解在 100mL 质量分数 1%的正硅酸乙酯(TEOS)、纳米二氧化硅(NS)和硅酸钠水溶胶中,在室温下使用磁力搅拌器搅拌(1500r/min),使用 pH 计调节 pH 为 7.5。将三种复合溶胶在 50℃下搅拌 3h 后倒入玻璃培养皿,置于 4℃的冰箱中 24h,形成凝胶。

所有的流变特性均使用 MCR301 Rheoplus 流变仪进行测试,探头型号 PP-50,平行板直径 50mm,平行板间距 1.0mm。①稳态剪切模式:剪切速率 0.01~300s^{-1},在 25℃条件下测定不同 KGM 网格式凝胶的流变曲线。②角频率扫描:角频率扫描范围 0.01~100rad/s,应变 0.5%,在 25℃时测定不同 KGM 网格式凝胶的频率依赖关系和频率交点。

将所获得的网格式凝胶分别通过液氮速冻后放入真空冷冻干燥机中处理 18h,最后获得三种不同 KGM/硅复合多孔凝胶。运用 LEO1530VP 场发射扫描电子显微镜对真空冷冻干燥后的多孔凝胶进行分析,SEM 观察多孔凝胶的表面形貌。

2.2 KGM 双网络凝胶制备及其稳定性研究

分别取 1g KGM 粉末和 1g 有机高分子[聚乙烯吡咯烷酮(PVP)、聚丙烯酰胺(PAAM)和聚丙烯酸钠(PAAS)]溶解在 100mL 蒸馏水中,获得 1% KGM 溶胶和 1%的高分子水溶液。KGM 与高分子聚合物分别以不同浓度充分混合(1:0、1:1、1:2),置于 4℃的冰箱中 24h。将所获得的 KGM/高分子混合凝胶冷冻后放入真空冷冻干燥机处理 18h,形成凝胶。

所有的流变特性均使用 MCR301 Rheoplus 流变仪进行测试,探头型号 PP-50,平行板直径 50mm,平行板间距 1.0mm。①应变扫描:应变扫描范围 0.01%~100%,角频率 1rad/s,在 25℃下测定不同 KGM 双网络微球黏弹性。②角频率扫描:角频率扫描范围 0.01~100rad/s,应变 0.5%,在 25℃时测定不同 KGM 交联微球的频率依赖关系和频率交点。

将所获得的双网络凝胶分别通过液氮速冻后放入真空冷冻干燥机处理 18h,最后获得三种不同 KGM 有机复合干凝胶。凝胶样品剪切为 10mm × 20mm 带状条块,使用万能材料试验机(Instron 1185),在 1mm/min 的测试速度下,采用压缩和单轴拉伸对试样进行力学性能测试。

2.3　KGM 交联凝胶制备及其稳定性研究

取 1g KGM 粉末溶解在 100mL 3% (W/V) 的海藻酸钠水溶液中，在室温下使用磁力搅拌器搅拌 (1500r/min)，50℃下搅拌 3h 后加入 100mL 含有 1% (V/V) 司盘 80 的食用油；随后加入 75mL 0.1mol/L 的 CaCl$_2$ 溶液固定化微胶囊。继续搅拌 30min，然后静置 30min 后取底部乳液，生理盐水冲洗两次后储存于蛋白胨凝胶中放入 4℃冰箱备用。

取 1g KGM 粉末溶解在 100mL 3%(W/V) 的壳聚糖冰醋酸(3%，W/V)溶液中，在室温下使用磁力搅拌器搅拌 (1500r/min)，50℃下搅拌 3h 后加入 100mL 含有 1% (V/V) 司盘 80 的食用油；随后加入 75mL 0.1mol/L 的 NaOH 溶液固定化微胶囊。继续搅拌 30min，然后静置 30min 后取底部乳液，生理盐水冲洗两次后储存于蛋白胨凝胶中放入 4℃冰箱备用。

所有的流变特性均使用 MCR301 Rheoplus 流变仪进行测试，探头型号 PP-50，平行板直径 50mm，平行板间距 1.0mm。①应变扫描：应变扫描范围 0.01%～100%，角频率 1rad/s，在 25℃下测定不同 KGM 交联微球黏弹性。②角频率扫描：角频率扫描范围 0.01～100rad/s，应变 0.5%，在 25℃时测定不同 KGM 交联微球的频率依赖关系和频率交点。

运用 LEO1530VP 场发射扫描电子显微镜观察 KGM 交联微球的表面形貌。

2.4　KGM 形成凝胶的条件研究

KGM 是一种具有线型分子链的大分子天然多糖，分子链中除含有大量的羟基外，还有少量的特征基团——乙酰基。由于 KGM 凝胶的形成随着外界条件的不同有着巨大的差异，本部分内容主要探讨了不同 pH 和温度对凝胶合成产生的影响。图 2-2 为 KGM 在不同 pH 和温度条件下的凝胶形成条件分析，其中，图 2-2(a)为胶体状态示意图，空心圆圈代表胶体呈溶胶状态，实心圆圈代表胶体为热可逆凝胶状态，而×代表胶体为热不可逆凝胶状态。由结果可以看出，在 pH 小于 4 的条件下复合物无法形成稳定的凝胶；pH 达到 10 以上则会出现絮状物，形成了热不可逆凝胶。通过图 2-2(b)中的照片可以进一步看到复合凝胶在不同 pH 下形成胶体的状态。KGM 凝胶的形成很大程度上取决于环境的酸碱性，而温度并不会显著改变其形成稳定凝胶的机理，但是温度的改变会影响 KGM 凝胶形成的速率。经研究发现，温度的升高会加快 KGM 凝胶形成的速率，这是因为在高温条件下，KGM 分子链运动剧烈，链间容易形成相互作用而发生缠结，特别是在碱性条件下更容易发生聚集而形成凝胶。图 2-2(c)所示为 KGM 凝胶形成的机理。由图 2-2(c)分析可知，pH 变化是 KGM 形成凝胶的主要因素，且 KGM 分子链中的乙酰基是 KGM 形成凝胶的官能团。KGM 在碱性条件下由于脱乙酰基作用，KGM 分子链团聚，从而形成凝胶。

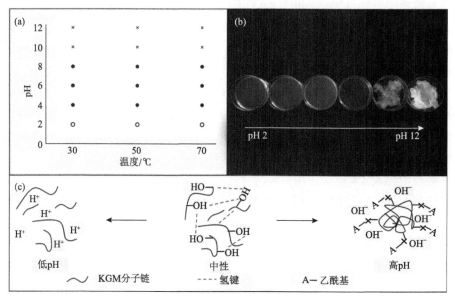

图 2-2　不同 pH 与温度下形成的 KGM 水凝胶(附彩图，见封三)
(a)形成凝胶的状态(○溶胶；●热可逆凝胶；×热不可逆凝胶)；(b)不同 pH 下形成凝胶的照片(温度 50℃)；
(c)不同 pH 下凝胶形成机理

　　综上所述，可以认为 KGM 形成稳定凝胶的一个关键条件是在碱性条件下脱去乙酰基。因此，在建立 KGM 凝胶网络的拓扑构象中，我们限定在碱性的食品加工条件下对其进行分析。

2.5　KGM 凝胶的构象网络研究

　　基于经典的构象网络拓扑理论推导 KGM 凝胶网络的形变机制。假设 KGM 分子链在浓缩的高分子溶液或凝胶中是一个高斯链，且通过与不同复合物混合可以从溶液中获得网络结构；通过交联或链末端相联的方式获得网络结构后，KGM 分子链的移动将会受到限制。本章在上述基础上对 KGM 线型分子链进行描述。构象网络理论中的分子链是一种理想链(含 n 个单体)，两端连接在连接处，允许在平均位置附近波动[290]。对 KGM 而言，多糖链作为理论模型的理想链，每个重复单元内具有 19 个单体(葡萄糖和甘露糖)。忽略聚合度的分散性，过大的内链网络是通过无限重复的分支连接到弹性非脉动的边界网络。本章利用数学推导，获得 KGM 分子链在形成稳定凝胶过程中的交联段长度的表达。

假设 KGM 分子链由 N 个单糖链组成，当 KGM 形成构象网络后，分子链便不能自由移动，但能够局限性地在一个平均位置间发生波动。定义这种波动的幅度通常考虑两个因素，即 KGM 链的弹性性质和分子链连接处的网络弹性性质[图 2-3(a)]。此构象网络在两个潜在交联点的局部刚性可以通过交联波动的平均振幅的平方 ξ_i^2 (i=1、2)围绕平均距离 X_i 表示。潜在交联的波动可以通过一个自由末端的虚拟链表示，另一端与弹性非波动固态内部位置 X_i 相连[图 2-3(b)]。这些连接点通过网络的形变替换仿射。波动单体的数量为 n_1 和 n_2 的虚拟链波动分别由 ξ_1 和 ξ_2 表示，则 $n_i = (\xi_i / b)^{1/2}$，其中，i = 1、2，b 代表单体的尺寸。

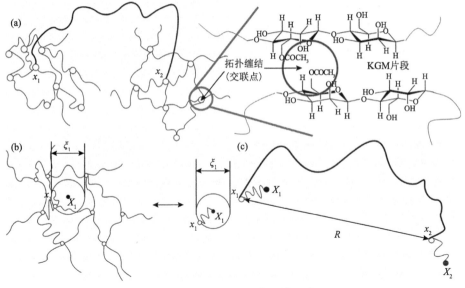

图 2-3　KGM 拓扑凝胶数学模型建立

$P_N(x)$ 是 KGM 分子链的末端相关函数：

$$P_N(x) = (2\pi b^2 N)^{-3/2} \exp\left(-\frac{x^2}{2b^2 N}\right) \tag{2-1}$$

获得矢量 $X_{12} = X_1 - X_2$ 的概率为三个独立阶段概率的集合：

$$\int P_{n_1}(X_1 - x_1) P_N(x_1 - x_2) P_{n_2}(x_2 - X_2)\,\mathrm{d}x_1\mathrm{d}x_2 = P_{N+n_1+n_2}(X_1 - X_2) \tag{2-2}$$

式(2-2)为具有 $n+N$ 个单体(糖环)的 KGM 与交联高分子的有效结合链的分布函

数。这种结合链通过非波动的弹性介质与 KGM 分子链末端相连并产生变形，如图 2-3(c)所示。结合链末端矢量的组成同样会受到因子 λ_α 的影响在相应的主方向上产生仿射形变：

$$\left[X_{12}(\lambda_\alpha)\right]_\alpha = \lambda_\alpha \left[X_{12}(\lambda_\alpha = 1)\right]_\alpha \quad (\alpha = x, y, z) \tag{2-3}$$

KGM 网络交联段是整个交联段的一部分。考虑到网络局部弹性 ξ 和变形率 λ_α，以及交联段均方大小 $\langle R^2 \rangle = \langle (x_1 - x_2)^2 \rangle$ 的独立性，交联段的均方大小可以表示为

$$\langle R^2 \rangle = \langle R \rangle^2 + \langle (\Delta R)^2 \rangle \tag{2-4}$$

式中，$\langle R \rangle$ 代表平均末端距离，$\langle (\Delta R)^2 \rangle = \langle (R - \langle R \rangle)^2 \rangle$ 代表其波动的均方。为了获得 KGM 交联网络的平均末端距离，我们认为结合链在因子 λ 的作用下发生了距离为 $b(n+N)^{1/2}\lambda$ 变形。交联段随着链的变形也发生了线性变形：

$$\langle R \rangle = \frac{N}{n+N} b(n+N)^{1/2} \lambda = \frac{\lambda b N}{(n+N)^{1/2}} \tag{2-5}$$

KGM 与其他物质交联形成凝胶后，网络交联段末端距离的振幅由交联段距离和两条虚拟链总距离中较短的一个所决定。假设 N 个单糖组成的 KGM 交联段与 n 个单体组成的一个高分子链平行相连，网络交联段的末端矢量振幅均方的计算可以表示为

$$\langle (\Delta R)^2 \rangle = \frac{b^2}{1/N + 1/n} \tag{2-6}$$

当网络具有局部刚性，虚拟链更短，网络交联段末端矢量的振幅将被限制：

$$\langle (\Delta R)^2 \rangle \approx b^2 n \, (N > n) \tag{2-7}$$

当网络具有局部柔性，网络交联段末端矢量的振幅将被其自身长度所限制：

$$\langle (\Delta R)^2 \rangle \approx b^2 N \, (N < n) \tag{2-8}$$

最终获得网络交联段的均方大小为

$$\langle R^2 \rangle = \frac{\lambda^2 b^2 N^2}{n+N} + \frac{b^2}{1/N + 1/n} = b^2 N \frac{n + \lambda^2 N}{n+N} \tag{2-9}$$

由相似形变模型理论可知：

$$G = \frac{\tau}{\left(\lambda - \lambda^2\right)} = \frac{\rho N}{M_L}\left(1 - \frac{2M_L}{M}\right) \tag{2-10}$$

式中，G 代表 KGM 凝胶的模量，$\tau = \dfrac{NkT}{V}\left(\lambda - \lambda^{-2}\right)$ 代表应力，λ 代表拉伸比，ρ 代表 KGM 网络的密度，M_L 代表 KGM 网链分子质量，M 代表 KGM 分子质量。将式 (2-8) 代入式 (2-10)，可以获得模量 G 与网络交联点波动均方之间的关系：

$$G = \frac{\langle (\Delta R)^2 \rangle \rho}{b^2 M_L}\left(1 - \frac{2M_L}{M}\right) \tag{2-11}$$

此外，基于构象仿射理论，形成环状结构的网链的环度，即图 2-3 (a) 中的拓扑缠结点数为

$$\zeta = \left(1 - \frac{2}{\Phi}\right)N \tag{2-12}$$

式中，Φ 代表 KGM 凝胶网络的官能度。将式 (2-12) 代入式 (2-10) 可得

$$G = \left(1 - \frac{2}{\Phi}\right)\frac{\rho RT}{M_L} \tag{2-13}$$

综上所述，由式 (2-9) 可知 KGM 复合凝胶拓扑网络的形变受两方面因素的影响，一是交联段本身的弹性性质，二是网络在交联段末端的局部弹性环境。KGM 网络的局部弹性由交联位置的振幅所决定，当振幅与多糖链相比足够小时，交联段几乎为仿射形变；当振幅比链长大时，交联段只有微弱的变形。由式 (2-11) 和式 (2-13) 可知，凝胶剪切模量的大小可以反映其内部网络结构中的分子链平均末端距离 R 和网络交联点的官能度 Φ。通过计算可得，KGM 凝胶剪切模量 G 越小，平均末端距离 R 越短，网络交联点的官能度 Φ 越高，这也就意味着凝胶的拓扑缠结越紧密，形成了稳定的拓扑网络结构。本章将通过对不同 KGM 及其复合凝胶的流变性与模量分析来验证复合凝胶的内部结构形成了稳定的拓扑缠结。

2.6　KGM 网格式凝胶的性能研究

2.6.1　KGM 凝胶流变性与模量研究

图 2-4 是 KGM 凝胶、KGM/Na₂SiO₃ 凝胶、KGM/TEOS 凝胶和 KGM/SiO₂ 凝胶剪切应力随剪切速率变化的曲线图。从图 2-4 可以看出，四种胶体的剪切应力

都随着剪切速率的增大而增大，开始时剪切应力急速上升，但在 15s^{-1} 后剪切应力随着剪切速率缓慢上升。因此，KGM 及其复合凝胶的剪切速率与剪切应力呈幂函数(非线性)关系，这说明了本章研究制得的凝胶为非牛顿流体。出现这种现象的原因主要是 KGM 在较高浓度下分子链间的相互作用增大，发生了缠结效应。本书第 1 章提到了 pH 对 KGM 凝胶性质具有显著的影响，本章将制得的凝胶 pH 都调为中性，这是因为 pH=7 时，KGM 具有最大的黏性，这样有利于更显著地对比其复合凝胶的变化。

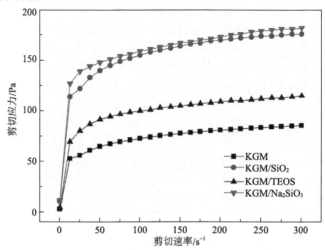

图 2-4　不同 KGM/硅复合凝胶剪切速率与剪切应力的关系

通过向 KGM 凝胶中加入不同的硅基材料，我们可以看出在相同的剪切速率下，复合凝胶比单纯凝胶的剪切应力都有不同程度的增加，这可能是因为硅基材料的引入，使得单位空间内分子链密度增加，从而更容易产生大量的氢键而导致凝胶黏度上升。当然，硅基材料同样可能与 KGM 在溶胶-凝胶的过程中产生了化学反应，化学键的产生导致凝胶强度的上升。随着剪切速率的增加，KGM 及其硅复合凝胶剪切应力上升速率显著下降，表现出了剪切变稀现象，这是由于氢键的键能小，剪切力作用使其受到破坏。此时的 KGM 及其复合凝胶属于假塑性流体，剪切应力(τ)与剪切速率(γ)之间呈幂函数关系，如式(2-14)所示：

$$\tau = k\gamma^n \tag{2-14}$$

式中，k 代表稠度系数，是流体流动时内摩擦或阻力的量度；n 代表非牛顿流体指数。此外，从图 2-4 中还可以明显看出，纳米二氧化硅和硅酸钠对 KGM 凝胶黏度的提高显著高于 TEOS。

图 2-5 是 KGM 及其硅复合凝胶的模量随频率变化关系的曲线图。频率扫描

是高分子动态流变测试最常见的测试模式之一，通过频率扫描可以得到储存模量
(G') 和损失模量 (G'') 的频率依赖性，从而可以判断高分子的松弛时间。图 2-5 为
频率扫描结果，给出了 KGM 及其硅复合凝胶 G' 与 G'' 的频率关系。G' 代表应力能
量在实验中暂时储存且可恢复，G'' 代表初始流动能量发生不可逆损耗，转变为剪
切热。根据性状通常可以将分散体分为稀溶液、浓溶液、弱凝胶和强凝胶。如果凝
胶的 $G'>G''$，说明其凝胶性占主导作用；如果 $G''>G'$，则说明凝胶的网状结构缠结
较少，黏性占主导作用。从图 2-5 中可以看出，在测试的频率范围内 G' 和 G'' 随频
率的增加而升高，由于频率的增加意味着时间的相对缩短，所以 KGM 及其复合凝
胶内部分子链不能充分伸展，导致 G' 和 G'' 都呈上升趋势。此外，从图 2-5 可以看
出，凝胶在扫描初期都是黏性占据主导地位，但随着频率的变化，弹性和黏性的两
条曲线相交于一点，弹性慢慢占据主导地位。但是，KGM/硅复合凝胶的弹性和黏
性两条曲线的交点比单纯的 KGM 凝胶的曲线交点提前出现，这说明加入硅材料增
加了凝胶分子链缠结点强度和密度，有助于 KGM 凝胶的形成。

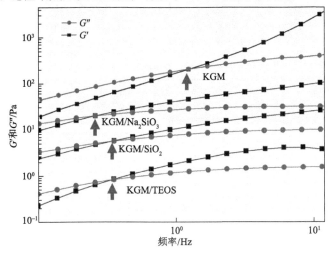

图 2-5　频率对 KGM/Si 复合凝胶黏弹性的影响

2.6.2　KGM 凝胶微观形貌研究

图 2-6 为 KGM 及其硅复合凝胶在冷冻干燥后形成的多孔结构 SEM 图像。通
过对复合凝胶微观形貌的观察发现，加入硅基材料后，凝胶在冷冻干燥后形成了
比较明显的多孔结构。这很可能是因为在 KGM 溶胶-凝胶过程中，加入硅基材料
与 KGM 分子链间发生了一定的交联作用，无机硅的加入使得凝胶具有了一定的
刚性，多孔壁更加坚韧不易被破坏，从而形成了明显的孔洞结构。特别地，加入
纳米二氧化硅的 KGM 凝胶产生了较为有序的多孔结构[图 2-6 (c)]，这种有序的

多孔结构类似于蜂巢，使其具有更强的空间拓扑稳定性。因此，本书在后续章节对此多孔凝胶进行了更为深入的探讨，通过对凝胶进行表征探讨其稳定性机制，并将其应用于对金属离子的吸附。

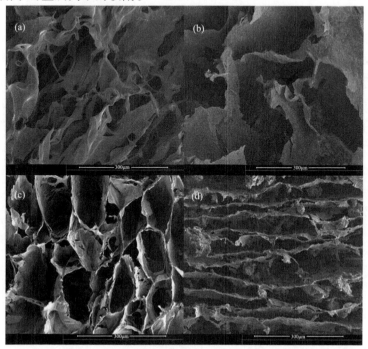

图 2-6　不同 KGM/硅复合凝胶冷冻干燥后形成多孔凝胶的 SEM 图
(a) KGM；(b) KGM/TEOS；(c) KGM/SiO$_2$；(d) KGM/Na$_2$SiO$_3$

2.7　KGM 双网络凝胶的性能研究

2.7.1　KGM 双网络凝胶流变特性与模量研究

图 2-7 是 KGM 凝胶、KGM/PAAM 凝胶和 KGM/PAAS 凝胶的模量随应变变化关系的曲线图。由于 PVP 不能与 KGM 凝胶复合形成理想的高弹性凝胶网络结构，所以研究只分析 PAAS 和 PAAM 对 KGM 凝胶的影响。应变扫描可以确定高分子线性黏弹区，是动态法测定流变特性的一个基础。从图 2-7 可以看出，KGM 及其有机高分子复合凝胶介于理想的弹性体和黏性体之间，是一类既有弹性也有黏性的黏弹性物质。弹性可以用 G' 表示，主要反映的是凝胶形变的回弹能力；黏性可以用 G'' 表示，主要反映的是凝胶形变的内耗程度。

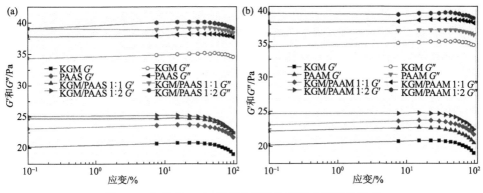

图 2-7　应变对 KGM 及其有机高分子复合凝胶的影响

(a) KGM/PAAS；(b) KGM/PAAM

由表 2-1 可知，单纯 KGM 凝胶的 G'' 是 G' 的 1.69 倍。这表明了 1%的 KGM 凝胶是一种黏性成分占主导的黏弹性流体。单纯的 PAAM 和 PAAS，以及 KGM 双网络凝胶具有相同的流变性质，但是随着 PAAM 和 PAAS 添加量的增高，损耗模量 $\tan\delta$ 发生变化，逐渐减小。由此可见，通过加入有机高分子，KGM 凝胶中分子链的密度升高，分子链间的缠结形式变为牢固的双网络拓扑缠结，提高了其力学强度。

表 2-1　KGM 及其有机高分子复合凝胶应变扫描参数

凝胶	G'/Pa	G''/Pa	$\tan\delta$
KGM	20.7	34.9	1.69
PAAM	22.5	36.6	1.63
PAAS	23.5	38.1	1.62
KGM/PAAM（1∶1）	23.5	38.1	1.62
KGM/PAAM（1∶2）	24.6	39	1.59
KGM/PAAS（1∶1）	24.6	39	1.59
KGM/PAAS（1∶2）	24.9	40	1.61

图 2-8 是 KGM 凝胶、KGM/PAAM 凝胶、KGM/PAAS 凝胶和 KGM/PVP 凝胶的模量随角频率变化关系的曲线图。从图 2-8 可以看出，由于角频率的增加意味着时间的相对缩短，所以 KGM 及其复合凝胶内部分子链不能充分伸展，导致单纯 KGM 凝胶 G' 和 G'' 都呈上升趋势。而单纯的有机高分子凝胶 G' 和 G'' 的上升趋势都不明显，尤其是 G'' 几乎保持与基线平行状态。这说明了单纯的有机高分子溶于水后很难形成弹性凝胶状态。然而，当这些有机高分子与 KGM

混合后，G' 和 G'' 行为发生了显著的变化。在这三种双网络凝胶中，KGM/PVP凝胶与其他两种凝胶的模量具有不同的流变特性。由图 2-8(a)可以看出，凝胶在扫描初期 G' 小于 G''，说明凝胶的黏性占据主导地位，但随着角频率的变化，我们可以看出 G' 的上升速率显著高于其 G''，可以推测在 100rad/s 之后，弹性和黏性的两条曲线相交于一点，弹性慢慢占据主导地位。相反地，KGM/PAAS 和KGM/PAAM 两种复合凝胶在极低的扫描频率下就发生了 G' 和 G'' 的转化。因此，上述两种复合凝胶几乎从扫描开始 G' 就大于 G''，且两者之间的差值越来越大，这说明了上述两种复合凝胶具有很高的弹性性质。产生高弹性行为的原因很可能是KGM 的分子链网络结构与这两种高分子网络高度重叠，网络空间高度压缩。当两种网络的分子链相互接近，分子链间产生了强烈的物理交联作用，这种交联作用比 KGM 分子链本身所产生的交联要强得多，最终形成了稳定的拓扑缠结。

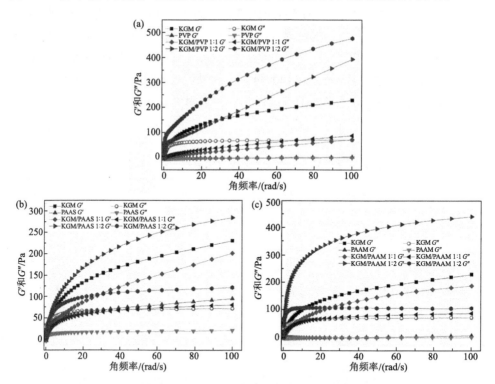

图 2-8　角频率对 KGM 及其有机高分子复合凝胶的影响
(a) KGM/PVP；(b) KGM/PAAS；(c) KGM/PAAM

2.7.2　KGM 双网络凝胶机械性能研究

1)凝胶拉伸强度测试

凝胶的力学性能可以反映其均匀性状态和复合材料组分之间的界面相互作

用。图 2-9 是 KGM 及其有机高分子复合凝胶拉伸强度测试图。从图 2-9 (a)中可以看出 KGM 和 PVP 凝胶的拉伸强度-应变曲线呈线性,直到 30%的应变后成为非线性,相似的情况也发生在 PAAS 和 PAAM 凝胶的测试中。整个过程中的变形不可恢复,随着 KGM 中有机高分子比例的增加,凝胶的拉伸强度增加。从图 2-9 中可以看出,当有机高分子的比例达到 2:1 时,凝胶的拉伸强度有了显著的变化。其中,以 KGM/PAAM 复合凝胶的性能最好,凝胶的应力增加至高于 10MPa,这可能归因于加入有机高分子后,凝胶密度增加,凝胶的孔径减小,KGM 与高分子之间存在物理纠缠作用,形成了双网络结构,从而显著改善了 KGM 基凝胶的机械性能。

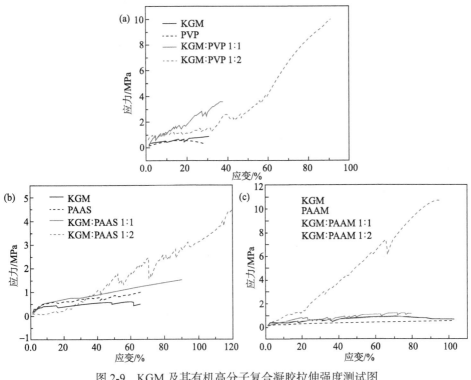

图 2-9　KGM 及其有机高分子复合凝胶拉伸强度测试图
(a)KGM/PVP; (b)KGM/PAAS; (c)KGM/PAAM

2)凝胶压缩强度测试

凝胶的压缩强度同样可以反映其力学性能。图 2-10 为 KGM 及其有机高分子复合凝胶压缩强度测试图。PVP、PAAS 和 PAAM 的添加量对 KGM 凝胶压缩强度的影响如图 2-10 所示。单纯的有机高分子凝胶压缩强度都明显高于单纯的KGM 凝胶,这说明加入的有机高分子的分子内作用力强于 KGM 分子内的作用力，从而形成更牢固的结构。将有机高分子与 KGM 混合后，我们发现复合凝胶（KGM/PAAS 和 KGM/PAAM）的压缩强度都高于单纯物质的压缩强度。一方面可能是由于有机高分子与 KGM 分子间发生复杂的物理纠缠作用，降低了分子之间的间隙及聚合物的移动性；另一方面可能是因为有机高分子量远小于 KGM，使其分布在 KGM 形成的网络结构中，而 KGM 中大量的羟基形成了较强的氢键，防止高分子滑移，使凝胶的压缩强度增大。但是 KGM/PVP 的压缩强度反而比单纯物质凝胶的强度下降了。这可能是因为 PVP 的加入破坏了 KGM 原有的精密结构。

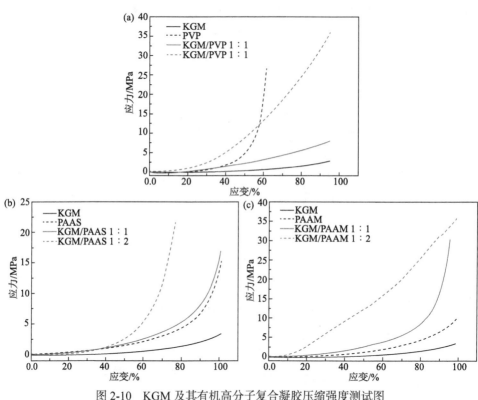

图 2-10　KGM 及其有机高分子复合凝胶压缩强度测试图

(a) KGM/PVP；(b) KGM/PAAS；(c) KGM/PAAM

2.8　KGM 交联凝胶的性能研究

2.8.1　KGM 交联凝胶流变性与模量研究

图 2-11 是 KGM 凝胶、KGM/SA 凝胶和 KGM/CS 凝胶的模量随应变变化关系的曲线图。由图 2-11(a) 可以看出，在测试应变范围内，KGM 和 SA 的模量变

化趋势相似。由于 3% 的 SA 依然处于溶液状态，所以其 G' 和 G'' 比 KGM 凝胶的要低得多。SA 与 KGM 复合后，由于 KGM 具有较高的黏度，因此 G' 和 G'' 都有显著的提高。图 2-11(b) 为 KGM 与 CS 复合凝胶的应变扫描图，可以看出，单纯 CS 形成的溶液与 KGM 和 SA 相比，具有明显不同的模量及模量变化趋势。在应变较小的区间内，CS 的 G' 大于 G''，即其弹性大于黏性，说明其具有很好的凝胶性能。但是，随着振幅的增大，CS 的 G' 持续下降，并与其 G'' 相交于一点后开始小于 G''，此时胶体的黏性成为主导性质。但是复合后的 KGM/CS 凝胶表现出与单纯 KGM 凝胶类似的模量变化。

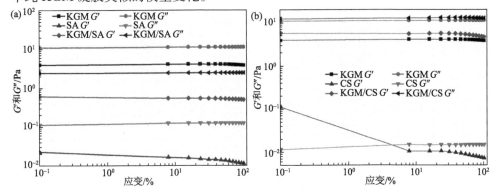

图 2-11　应变对 KGM 及其生物大分子复合凝胶黏弹性的影响
(a) KGM/SA；(b) KGM/CS

　　KGM 与 SA 或 CS 复合形成凝胶后可以分别被氯化钙和氢氧化钠固定化，利用乳化法可以制备不同功能的微胶囊。图 2-12 主要为 KGM/SA 凝胶和 KGM/CS 凝胶通过固定化后形成微球乳液的模量随应变变化关系的曲线图。由图 2-12 可知，固定化后的微球凝胶与没有固定化的凝胶的模量变化有着显著的差异。图 2-12 中以单纯 KGM 凝胶作为参照，发现固定化微球乳液的 G' 和 G'' 在测试应变区间内出现了交点，这说明无论是 KGM/SA 微球凝胶还是 KGM/CS 微球凝胶，在应变范围内发生了黏弹性的转化。在应变较小的情况下，两种微球凝胶的 G' 大于 G''，这是由于微胶囊的形成，使整个凝胶体系具有更高的弹性。随着应变的增大，微胶囊发生破裂，导致弹性下降，尤其是在应变为 10% 处，两种微球凝胶的模量下降出现了斜率的突变，这很可能是整个微球凝胶彻底破裂的开始，随后 G' 的下降速率明显高于 G'' 的下降速率。当应变超过微球凝胶的临界应变点时，其结构会受到破坏，缠结状态发生改变。因此进行振荡剪切实验时，应变值应小于临界应变点，这也就是说微球凝胶应在线性黏弹区下进行振荡剪切实验，以保证聚合物缠结状态的稳定性。

　　图 2-13 是 KGM、KGM/SA 和 KGM/CS 交联凝胶的模量随角频率变化关系的曲线图。通过分析在不同角频率下 KGM 及其生物大分子复合凝胶结构的变形情

况，可以得到它们的结构完整性。如果材料的弹性大于黏性或者 G' 大于 G''，说明其具有很好的凝胶性能。相反则说明材料的网状结构缠结较少，凝胶性能较弱。

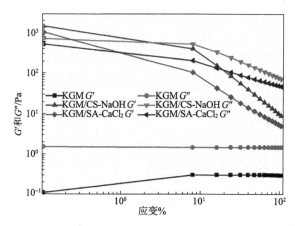

图 2-12　应变对 KGM 复合固定化微球凝胶黏弹性的影响

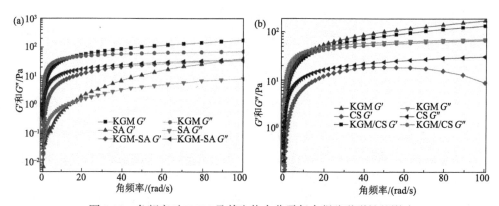

图 2-13　角频率对 KGM 及其生物大分子复合凝胶黏弹性的影响
(a) KGM/SA；(b) KGM/CS

从图 2-13 (a) 中可以看到，在角频率的扫描前期，无论是单纯的 KGM 和单纯的 SA，还是两者的复合凝胶，它们的 G'' 大于 G'，说明三种凝胶或溶液的黏性占主导作用。随着角频率的升高，单纯的 KGM 和 SA 的 G'' 和 G' 的主导作用开始发生转换，即其凝胶或溶液的弹性开始占主导作用。这是因为在高频区，作用力作用间短，所以黏度没有足够的时间达到设定的应变，凝胶或溶液中的分子链保持缠结，从而导致凝胶内部以弹性为主。一个有趣的现象发生在 KGM 与 SA 的复合凝胶中，在角频率扫描范围内，KGM/SA 复合凝胶的 G'' 始终大于 G'，虽然两条线无限趋近，但却没有交于一点，更没有发生换位。产生这种现象的原因很可能是 KGM 与 SA 的结合导致了它们各自分子链中的缠结发生断裂，从而使分子链缠结点的强度和密度都显著减小。

与单纯的 KGM 和 SA 相比，CS 溶液具有不一样的黏弹性质，从图 2-13(b) 中可以看出，单纯的 CS 溶液随着扫描角频率的升高，其 G'' 始终大于 G'，所以在整个过程中，溶液的黏性始终占主导作用。从 G' 的变化趋势看，在低频区逐渐趋近于 G''，这说明溶液内部产生了一定的分子链缠结，但随后在高频区又呈下降趋势，弹性作用减弱。但是，当 KGM 与 CS 混合形成凝胶后，KGM 凝胶的黏弹性完全主导了整个交联凝胶的特性。在高角频率下，KGM/CS 交联凝胶由于分子链缠结点强度和密度的增加而以弹性为主。

图 2-14 主要为 KGM/SA 凝胶和 KGM/CS 凝胶通过固定化后形成微球凝胶的模量随角频率变化关系的曲线图。由图 2-14 可知，固定化微球凝胶与未固定化凝胶的模量变化有着显著的差异。以单纯 KGM 凝胶作为参照，发现两种固定复合化微球凝胶的黏弹性质发生了显著变化。最显著的变化为在整个角频率扫描区间，两种微球凝胶的 G' 从一开始就大于 G''，这是由于微胶囊的形成，使整个凝胶溶液的弹性显著升高，因此这两种微球凝胶内部以弹性为主。此外，两种微球凝胶的 G' 在低频区就迅速达到了最大值，在随后的角频率上升过程中，G' 始终保持在较高的水平。在前面提到，G' 代表应力能量在试验中暂时储存，以后可以恢复，这也就意味着两种微球凝胶具有很高且稳定的弹性性质。因此，本章研究利用 SA 和 CS 制备 KGM 复合凝胶后固定化得到的微球凝胶具有很好的稳定性。平行比较发现，相同条件下，KGM/SA 复合凝胶固定化形成的微球比 KGM/CS 交联凝胶固定化形成的微球具有更高的弹性，该性能也更稳定。所以，本书第 4 章详细对 KGM/SA 交联凝胶的固定化进行了研究。

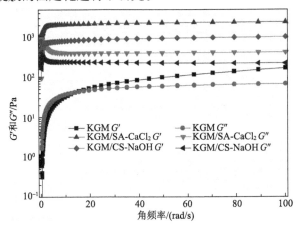

图 2-14　角频率对 KGM 复合固定化微球凝胶黏弹性的影响

2.8.2　KGM 交联凝胶微观形貌研究

图 2-15 为利用乳化法获得的 KGM/SA 和 KGM/CS 固定化微胶囊显微图像和 SEM 图像。通过对交联微球凝胶微观形貌的观察发现，KGM 与生物大分子(SA 和 CS)交联形成的 KGM 复合凝胶可以获得良好的微胶囊颗粒。KGM 与 SA 复合，利用氯化钙溶液固定化形成微胶囊[图 2-15(a)]，并采用乳化法获得表面光滑的油包水型乳液。同样地，KGM 与 CS 交联，利用氢氧化钠溶液固定化形成微胶囊[图 2-15(b)]。微胶囊化是一种先进的可以稳定食品中敏感物质的凝胶合成技术。微胶囊不但可以稳定食品中的化学成分，还在益生菌包埋与稳定中取得了很大的突破。本书第 4 章内容对微胶囊的制备进行了更为深入的探讨，通过对微胶囊进行表征探讨其稳定性机制，同时利用微胶囊技术实现了对嗜酸乳杆菌的包埋与稳定。

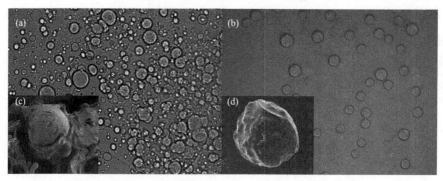

图 2-15　乳化法获得的 KGM/SA 微胶囊(a)和 KGM/CS 微胶囊(b)的微观形貌
(a)、(b)为显微图像；(c)、(d)为 SEM 图像

2.9　小　　结

天然的 KGM 具有很强的亲水作用，溶于水呈中性，由于分子中大量羟基形成氢键，所以 KGM 在中性条件下即可形成凝胶。本章研究内容与孙远明等[178]提出的 KGM 在 pH 为 3～9 的条件下形成稳定凝胶的结论相同。乙酰基的存在是赋予 KGM 分子亲水作用的另一个关键因素[187]。一方面，当环境的 pH 过低时，大量氢离子的出现会阻止氢键的形成，因而 KGM 很难形成稳定的凝胶；另一方面，在强碱性条件下，氢氧根离子的出现会脱去多糖分子链中的乙酰基，乙酰基的失去，KGM 的水溶性则大大降低，该结果与李斌和谢笔钧[183]提出的 KGM 热不可逆凝胶的条件相符。热不可逆凝胶的形成，是由于分子链之间发生了聚集[210]。罗学刚[182]详细阐述了 KGM 分子链在不同状态下形成的拓扑缠结理论，

这为本章研究提出 KGM 的稳定拓扑结构提供了依据。

本章结合拓扑网络构象理论，提出了 KGM 凝胶剪切模量的数学模型，通过对 KGM 复合凝胶流变性质、微观形态等的分析验证，发现添加不同复合物都会不同程度地增强 KGM 凝胶的弹性模量。流变分析结果表明，KGM 交联凝胶在结构上具有更小的末端距离，同时缠结点的官能度更高。因此可以确定，KGM 复合凝胶具有更加稳定的拓扑结构。

在本章对 KGM 凝胶拓扑网络结构分析的基础上，可以知道，KGM 在形成凝胶过程中自身的分子链会发生缠结而形成网络结构[289-291]（图 2-16），但是这种网络结构中的缠结是不稳定的，在外界刺激作用下容易发生断裂而导致凝胶不稳定。因此，本章提出以下三种不同稳定型 KGM 复合凝胶拓扑结构设想。

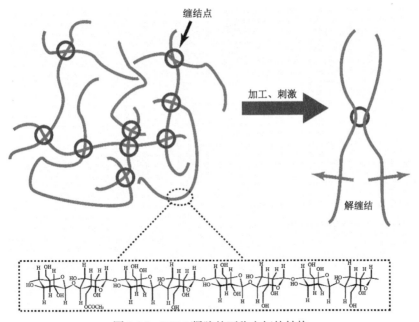

图 2-16　KGM 凝胶的不稳定拓扑结构

1）KGM 网格式拓扑网络结构

网格式拓扑网络结构的设想受到高分子材料中"四臂"网络结构的启发，这种结构被认为是一种接近于理想化的高分子网络。"四臂"网络是由高分子网络末端交联而形成的网络模型，这种网络的机械能耗散极低，具有有序的网络结构，形成的凝胶具有超高的强度[292-294]（图 2-17）。本章内容采用纳米二氧化硅与 KGM 复合形成稳定凝胶。在第 3 章中，将通过表征得到这种凝胶有序的多孔结构，以及在有机-无机杂化过程中形成的新的化学键和基团。在此设想，在新的凝胶网络体系中，以硅原子为中心，KGM多糖分子链以四个键与其相连，通过末端交联作用形成了类似于"四臂"凝胶结构的稳定网络体系。

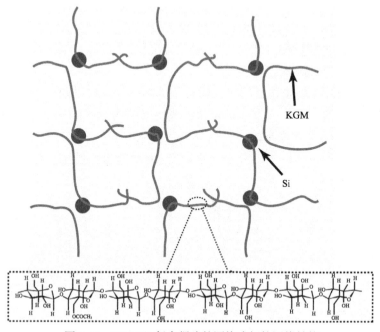

图 2-17　KGM/Si 复合凝胶的网格式拓扑网络结构

2）KGM 交联式拓扑网络结构

交联式网络结构的设想受到食品科学中美拉德反应（羰氨反应）的启发。水凝胶的 3D 网络结构通常具有天然的亲水性，大量的亲水基团存在于天然高分子网络体系中。交联网络的形成使凝胶更加稳定，尤其是在复杂的加工过程中能够稳定地发挥其功能性质[295-297]（图 2-18）。在第 4 章中，对 KGM 进行氧化改性，通过与生物大分子（明胶）复合交联形成稳定的网络结构，进而与海藻酸钠复配后固定化形成具有包埋性质的微胶囊，并通过表征得到这种微胶囊的微观形貌及其在交联复配过程中形成的交联基团。在此设想，在新的凝胶网络体系中，氧化改性后 KGM 分子链中的醛基与生物大分子中的氨基发生了交联反应，在高分子网络体系中形成了稳定的化学键。

3）KGM 双网络结构

双网络结构凝胶是两种不同的高分子网络结构分层叠加后，在不同分子链间形成了结点，这些结点以交联的方式将分子链缠结，形成了稳定的凝胶。双网络结构凝胶比单网络凝胶具有更高的黏弹性质和机械强度[298-300]（图 2-19）。本章通过对 KGM 与不同有机高分子复合凝胶的流变性质的检测可以证明这一理论。在

第 5 章中，将 KGM 与 PAAS 复合形成稳定的网络结构，进而通过微流纺丝技术获得均一的微纤维网络凝胶体系，并结合微胶囊微观形貌和热稳定性的分析结果，探索了其对化学试剂的负载作用。由此设想，在新的凝胶网络体系中，KGM 分子链与 PAAS 分子链形成了稳定的双网络结构。

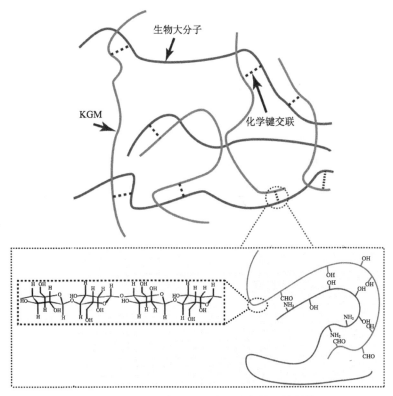

图 2-18　KGM/生物大分子交联式拓扑网络结构

　　基于以上三种拓扑结构，以及本章研究结论获得了 KGM 凝胶的流体力学特性及其形成机制，为后三章的研究提供了原料选择与工艺参数的理论依据。与此同时，后三章的凝胶功能化研究也从应用与实践中证明了本章凝胶拓扑结构的稳定作用。

　　本章内容利用构象网络理论，协助建立了 KGM 分子链构象数学模型，从拓扑学的角度预测 KGM 凝胶形成过程中拓扑结构的变化，从而为构建新型的 KGM 复合凝胶提供微观基础。研究通过降解、复配和交联等技术改变 KGM 的分子结构，形成稳定的大分子网络结构，从而制备出具有应用价值的凝胶。通过与不同生物大分子的复配与交联，结合流变性质与微观结构的观察，研究表明：①硅基材料在 KGM 水溶液溶胀过程中与多糖分子发生交联，可以增强溶胶的强度，通过真空冷冻干燥技术溶胶可以产生蜂巢状有序的微孔结构，获得理想的多孔凝胶并将其应用于对金属离子的吸附；②天然生物多糖(蛋白质、SA 和 CS)可以增强KGM 的交联性质，赋予其在盐、碱溶液中的交联和固定化性能，通过微胶囊化技术可以获得优质的食品微球配料并将其应用于对食品组分的保护；③有机高分子(PE、PAAM 和 PAAS)可以大大改善 KGM 的黏性和流体力学性能，赋予了 KGM凝胶优异的成丝性能，通过微流体纺丝技术可以获得食品凝胶检测器并将其应用于对食品中有害成分的检测。

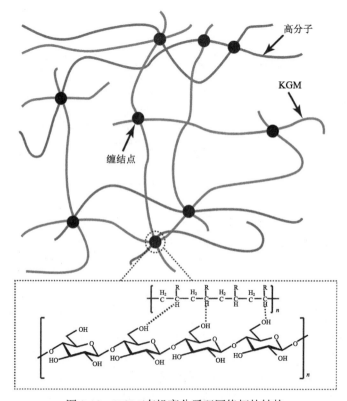

图 2-19　KGM/有机高分子双网络拓扑结构

第 3 章　KGM 凝胶功能化一：KGM 多孔凝胶及其对金属离子的吸附机制

食品从原料采收到加工储藏的整个生产环节都会引入多种污染物，重金属污染是其中最常见的污染物之一[301]。因此，如何提高食品生产链整个环节的污染修复效率是当今食品加工领域亟待解决的关键科技问题。生物修复法是利用植物的吸收作用或者微生物絮凝剂进行污染修复，但修复周期长、工程量大，很难立竿见影[302]。化学离子交换剂[303]、还原剂[304]等试剂通过与重金属离子发生化学反应，能去除污染物，但其缺点是会造成二次污染。相比之下，物理吸附处理技术是目前最安全且高效的途径之一[305]。近年来，微纳多孔技术的发展不断提高吸附材料对水体中金属离子的吸附效率[306]。天然高分子的多孔凝胶体系就是其中一类切合当代环保需要的理想的离子吸附载体，其作用机制是利用凝胶体系的多孔结构吸附污染金属离子，从而起到降低食品污染、保证食品安全的作用[307]。由此可见，构建合适的天然高分子微纳多孔凝胶，不仅为改善食品重金属离子修复效率问题提供一种行之有效的技术手段，而且对新型食品加工辅助材料的开发具有重要的理论指导作用。

微孔材料是一种由相互贯通或封闭的孔洞构成网络结构的材料，孔洞的边界或表面由支柱或平板构成[308]。按照材料性质的不同，可用有机材料、无机材料及生物材料作为微孔材料的基质材料[309]。天然高分子材料的研究与开发是高分子科学和材料科学领域的热点和重点之一。魔芋葡甘聚糖(KGM)是一种水溶性多糖，具有优良的成膜性、增稠性、束水性、生物相容性和生物可降解性，在食品、化工、纺织、造纸、生物、医药等领域得到广泛应用[180]。然而，KGM 作为材料在使用过程中，同其他天然高分子一样，存在机械强度低和热稳定性差等缺陷。新技术和新材料的出现为 KGM 的改性研究提供了新的思路和手段。纳米科学与技术近些年的飞速发展，使纳米复合材料的研究与开发成为高分子科学和材料科学领域的一大亮点。由于其纳米尺寸效应能大大提高材料的综合性能，改善材料的结构特征，复合材料尤其是天然高分子复合材料得以不断开发与应用[310]。

有机-无机杂化材料由于在催化[311]、纳米微反应器[312]、骨骼组织工程[313]、光学科学与工程[314]等领域具有潜在的应用价值，近些年备受国内外学者的关注。

二氧化硅被认为是高分子共混物中最有价值的增强剂之一,同时具备改性能力[315]。在这方面,Vecchione 等提出了一种可以获得油芯-多层二氧化硅高分子的合成方法[316];Zhao 等设计了一种新型的具有低热导率、高机械性能和最小粉尘释放的果胶-二氧化硅复合凝胶[317];Singh 等报道了一种由新型活性介孔二氧化硅制备而成的纳米纤维,以及将其应用于高分子生物支架体系的研究[318]。多糖在材料领域被认为是一种全新的自然生命提取物[319]。目前,已经有研究人员利用天然多糖与硅材料交联合成杂化材料,如壳聚糖[320]、阿拉伯树胶[321]和明胶[322]。但是,基于多糖的杂化材料合成还没有受到重视,这与天然多糖存在固有黏度差等问题有关[149]。因此,寻找一种高黏度的天然生物高分子,使其与硅材料交联形成具有高强度蜂巢结构的复合物,成为一种简单且通用的生物多孔材料的开发趋势。

本章以 KGM 为主要原料,结合食品级纳米二氧化硅,通过对水凝胶的复合物添加量和 pH 等参数的调控,利用加热搅拌、溶胀、液氮速冻、真空冷冻干燥等一系列技术,设计了一种新型的具有蜂巢结构的多孔凝胶,这种多孔凝胶材料可以作为活性炭载体,并且对水中的铜离子具有有效的吸附作用。本章研究为以天然多糖为原料合成有机-无机杂化材料提供了更多的思路,也为水产养殖重金属污染的解决提供了一个良好的载体。

3.1　KGM 水凝胶的合成

取 1g KGM 粉末溶解在 100mL 一定质量分数(1%、2%和3%)的纳米二氧化硅水溶胶中,在室温下使用磁力搅拌器搅拌(1500r/min)。使用 pH 计调节pH(pH=2～12)。再将混合物溶胶在 50℃下搅拌 3h 后倒入玻璃培养皿,于 4℃条件下静置 24h,使其形成水凝胶。通过对水凝胶的观察,分析 KGM/纳米二氧化硅(KNSi)水凝胶的形成机理与条件。

3.2　KGM 多孔凝胶的合成

取 1g KGM 粉末溶解在 100mL 一定质量分数(0%～2%)的纳米二氧化硅水溶胶中,在室温下使用磁力搅拌器搅拌(1500r/min)。使用 pH 计调节 pH(pH 为 5、7.5 或 9)。将混合物溶胶在 50℃下搅拌 3h 后倒入玻璃培养皿,于 4℃条件下静置24h,使其形成凝胶。将所获得的 KNSi 水凝胶通过液氮速冻后放入真空冷冻干燥机处理18h,最后获得 KNSi 多孔凝胶。

3.3　KGM 多孔凝胶负载活性炭（CKNSi）

取 1g KGM 粉末溶解在 100mL 一定质量分数（0%～2%）的纳米二氧化硅水溶胶中，在室温下使用磁力搅拌器搅拌（1500r/min）。加入 10g 活性炭粉末，使用 pH 计调节 pH 为 7.5。将混合物溶胶在 50℃下搅拌 3h 后倒入玻璃培养皿，于 4℃条件下静置 24h，使其形成水凝胶。将所获得的 CKNSi 水凝胶通过液氮速冻后放入真空冷冻干燥机处理 18h，最后获得 CKNSi 多孔凝胶。

3.4　CKNSi 离子吸附研究

取 0.5g CKNSi 放入 100mL 的硫酸铜溶液中（浓度为 50mg/L），室温下摇床振荡一定时间。振荡过程中每隔 5min 使用紫外可见分光光度计测量硫酸铜溶液的吸光度（波长为 600nm）。

平衡吸附量 Q_e 的计算参照公式（3-1）：

$$Q_e = \frac{(C_0 - C_e)V}{m} \tag{3-1}$$

式中，C_0 和 C_e 分别代表吸附试验前后硫酸铜溶液的浓度，mg/L；V 代表硫酸铜溶液的体积，L；m 代表吸附剂的质量，g。

3.5　KGM 多孔凝胶形貌

如图 3-1 所示，本章研究首先将 KGM 与纳米二氧化硅混合制得 KGM/纳米二氧化硅 KNSi 水凝胶，随后采用冷冻干燥技术获得干凝胶。通过观察干凝胶的微观形貌，发现加入纳米二氧化硅后，KGM 复合凝胶形成了有序的多孔结构，这些孔洞排列整齐，具有天然蜂巢结构。因此，可以推测，在 KGM 与纳米二氧化硅混合制备凝胶过程中，形成了稳定的化学交联。与此同时，这种稳定多孔结构可以用作多种物质的载体，如作为活性炭的载体用于水中金属离子的吸附。本章将会对制备的 KGM 复合凝胶进行结构表征，并通过吸附试验探讨多孔凝胶在减少食品有害成分中的应用价值。

KNSi 在水凝胶合成的基础上，进一步通过真空冷冻干燥技术获得具有微孔结构的 KNGi 多孔凝胶（图 3-1）。研究取 pH 为 6、7.5 和 9，进一步探讨不同 pH 下形成的冻干凝胶的微观结构变化。利用 SEM 观察 KNSi 的微观形态，发现纳米二氧化硅的引入使凝胶获得了类似于蜂巢结构的微孔，这些微孔的直径在 100μm 左右。此外采用高倍显微镜对微孔壁进行观察，发现微孔壁聚集了大量的纳米二氧化硅颗粒，这些纳米颗粒有助于微孔材料对其他物质的吸附和稳定，使得 KNSi 微孔材料有作为颗粒载体的潜在价值。本章研究利用合成的多孔凝胶材料作为活性炭颗粒的载体，对水中的铜离子进行了吸附试验。

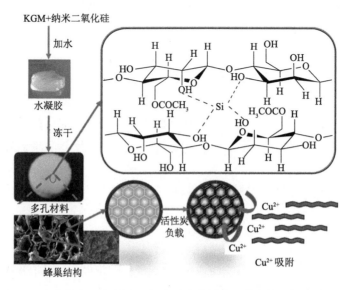

图 3-1　魔芋葡甘聚糖/纳米二氧化硅多孔凝胶及其负载活性炭流程图

　　通过真空冷冻干燥技术处理水凝胶可以获得具有多孔结构的凝胶材料，在 pH 为 7.5 的条件下可以形成更稳定的凝胶材料[图 3-2(d)～(f)]。KGM 形成凝胶的机理为在碱性条件下多糖链中的乙酰基会被去除，从而使多糖链之间的聚集程度增强，形成稳定的凝胶。然而，如果 pH 过高会使得多糖链分子间产生结晶作用，这样会导致凝胶材质的脆性变大，从而进一步影响最后形成的多孔凝胶的微孔结构[图 3-2(a)～(c)]。

　　本章还探讨了不同比例的纳米二氧化硅对多孔凝胶结构的影响。KGM 和纳米二氧化硅的质量比例为 1∶0、1∶1 和 1∶2，通过混合、成胶和溶胀，将所有的样品在-80℃真空冷冻干燥，对比发现加入纳米二氧化硅可以增强凝胶的密度和提高凝胶的比表面积。从 SEM 图像[图 3-2(a)、(d)、(g)]可以看出没有添加纳米二氧化硅的单纯 KGM 凝胶材料无法形成任何多孔结构，这是因为 KGM 作为一种高分子"柔性"材料很难单独形成高度有序的刚性微孔结构。但是，通过添加纳米二氧化硅，可以发现，随着无机材料浓度的增加，材料的微孔结构变得明显和有序。从图 3-2(c)、(f)、(i) 和图 3-2(b)、(e)、(h) 的对比可以发现，在不同 pH 条件下纳米二氧化硅质量分数为 2% 的多孔凝胶材料比质量分数为 1% 的多孔凝胶材料微孔结构更加明显和有序。在所有的条件对比下发现，pH 为 7.5，纳米二氧化硅质量分数为 2% 是形成多孔凝胶的最理想条件。

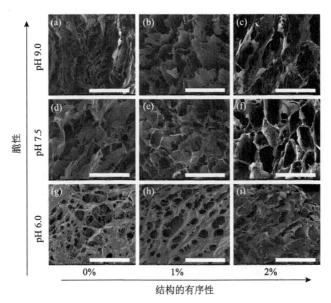

图 3-2　不同 pH 与纳米二氧化硅添加量条件下合成的多孔凝胶 SEM 图像(标尺：300μm)

3.6　KGM 多孔凝胶结构稳定性探讨

3.6.1　拉曼光谱分析

本章研究利用 Raman 光谱分析了 KGM 和 KNSi 在结构上的区别，图 3-3 为波数 4000~500cm^{-1} 条件下 KGM 和 KNSi 的 Raman 光谱图。在对物质结构的表征分析中，人们常同时利用 FTIR 和 Raman 光谱对同一种样品进行分析。如图 3-3 所示，两条曲线约在 3400cm^{-1} 的吸收峰是 O—H 键的振动峰，在 2900cm^{-1} 的吸收峰是 C—H 键的振动峰[323]。但是，KNSi 图谱在 3400cm^{-1} 处的峰值明显低于 KGM 图谱中对应的峰值，这是因为 KGM 与纳米二氧化硅结合后水分减少，分子链中的 O—H 键含量减少。此外，KGM 图谱中在 890cm^{-1} 的吸收峰是由多糖中的 β-1,4-糖苷键产生的，但在 KNSi 图谱中没有出现。硅原子被 KGM 多糖链包裹在其分子链结构中，多糖分子中的水分被释放且结构得到了增强，同时

β-1,4-糖苷键断裂。此外,KNSi 图谱中大约在 520cm^{-1} 和 1440cm^{-1} 处出现了新的吸收峰,这是二氧化硅拉曼峰及典型的硅源三阶拉曼峰。KGM 图谱中 1100cm^{-1} 处的 C—O—C 键振动峰在 KNSi 图谱中没有出现,这种现象可能是由于 KGM 中的羟甲基与纳米二氧化硅分子之间产生了交联作用。

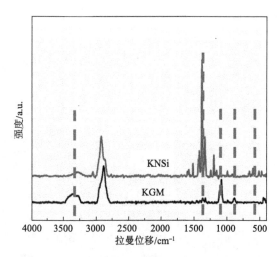

图 3-3　KGM 和 KNSi 的 Raman 图

3.6.2　核磁共振硅图谱分析

图 3-4 是 KGM 和 KNSi 的 NMR 图谱,图 3-4(a)是 ^{13}C 图谱,图谱中可以看到三个典型的多糖分子链 NMR 峰,它们分别是:吡喃糖环在 71～80ppm 区域的共振峰,包括葡萄糖环和甘露糖环;葡萄糖基和甘露糖基中的 C1 在 100ppm 处的共振峰;乙酰基在 20～30ppm 区域的共振峰。KNSi 图谱中 25ppm 附近的吸收峰消失,这表明在 pH7.5 的弱碱条件下 KGM 中的乙酰基被脱去。冻干后的多孔凝胶,在固体状态下更适合于碳谱分析。碳谱分析虽然灵敏度低,但是分辨能力高,不同级谱线之间分离明显而容易识别。在图 3-4(a)中,除标注清晰的三种 KGM 特征峰之外,我们还可以看到在 175ppm 附近,两种物质的图谱中都出现了微弱的峰,这是由弱碱条件下少量乙酰基酯化后生成的碳氧双键产生的振动峰。此外,在 KGM 图谱中,204ppm 处有微弱的振动,但在 KNSi 中没有出现,这个振动峰同样来自 KGM 中的乙酰基,这再一次说明了加入纳米二氧化硅后,弱碱条件下 KGM 分子链中的乙酰基被部分脱去。

硅是一种在自然界和化学领域都非常重要的物质,因此建立专门针对其表征和分析的 NMR 具有十分重要的意义。如今硅谱 NMR 分析发展相对完善,通过硅谱 NMR 可以分析出不同硅基材料的成分。图 3-4(b)是 ^{29}Si 图谱,在 KNSi 图谱中−120ppm 附近出现的是非结晶硅的共振峰，同时 SEM 图中的纳米二氧化硅颗粒附着在微孔材料孔壁上，这也证明了非结晶硅的形成。

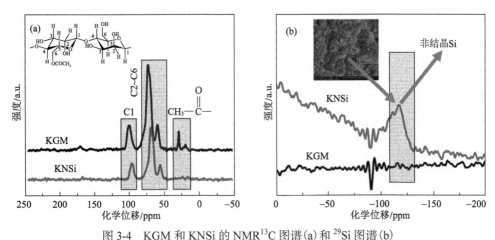

图 3-4　KGM 和 KNSi 的 NMR^{13}C 图谱(a) 和 ^{29}Si 图谱(b)

3.6.3　热重分析

图 3-5(a) 是 KGM 和 CKNSi 的热重曲线，可以看出两种物质的质量损失都经历了两个阶段，这说明通过添加纳米二氧化硅并没有改变 KGM 基本的热稳定性行为。从热反应的第一阶段，即最开始的一段水平直线可以看出，KGM 的平行区域比 CKNSi 的更短。对比两种物质的起始反应温度和终止反应温度发现，两者基本没有差距，起始反应温度都在 200℃左右，而终止反应温度都在 500℃以上。在热量损失的第一阶段 KGM 比 CKNSi 损失了更多的质量，纳米二氧化硅与 KGM 多糖分子发生了交联反应而失去了水分，使得 KGM 含有比 CKNSi 更多的水分。这一点可以通过在之前的 Raman 光谱分析中得到证明。在质量分数下降的第二阶段，两种材料表现出了明显的差异，CKNSi 质量损失速率低于 KGM 最终的质量损失速率，而且 CKNSi 残留的质量远远高于 KGM 的残留量，这说明了 CKNSi 具有更高的热稳定性。

图 3-5(b) 表示质量随时间的变化率与温度的关系。从图中可以看出，两条曲线达到峰值的温度很接近，但也有细微的差异，KGM 的峰值明显更高。因此可以说明，KGM 的失重速率更高，且到达最大值的温度更低。这些现象是在原来的 TGA 曲线中无法看出的。此外，DTG 曲线中的峰面积与材料失重量成正比，这又证明了 KGM 比 CKNSi 失去了更多的质量。

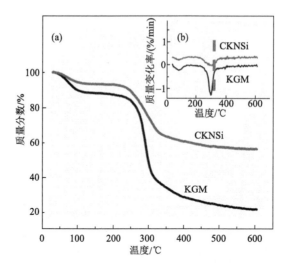

图 3-5　(a)KGM 和 CKNSi 的热重曲线；(b)微商热重曲线

3.7　多孔凝胶功能化：多孔凝胶及其对金属离子的吸附机制

3.7.1　CKNSi 铜离子吸附研究

图 3-6 是 CKNSi 对水中铜离子的吸附曲线。由曲线可知，在吸附时间 5min 内，材料的吸附量达到 2.87mg/g。在吸附时间为 30min 时达到了最大吸附量 4.38mg/g。溶液中被吸附物质需要通过外扩散、孔隙扩散和表面扩散等步骤从溶液到达吸附颗粒的表面。

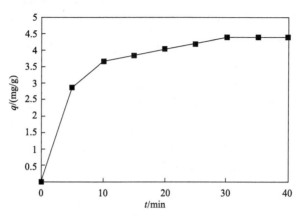

图 3-6　CKNSi 的铜离子吸附曲线(50mg/L, pH 7.5，25℃)

3.7.2　吸附动力学分析

吸附剂的吸附能力主要受其物理和化学性质的影响，也受吸附过程中被吸附物质的量多少的影响。吸附动力学是检测吸附过程机理的常用分析手段，本章采用伪一级和伪二级吸附动力学模型对吸附机理进行探讨分析。

伪一级动力学方程数学模型如下：

$$\frac{dq_t}{dt} = k_1 \left(q_e - q_t \right) \tag{3-2}$$

当限制条件 $t=0$ 时，$q_t=0$，式(3-2)可以进一步转化为

$$\ln \left(q_e - q_t \right) = \ln q_e - k_1 t \tag{3-3}$$

式中，k_1 代表铜离子在浓度为 50mg/L 时的伪一级吸附速率常数，min^{-1}；q_e 和 q_t 分别代表平衡时和 t 时刻的 CKNSi 对铜离子的吸附量，mg/g。因此，以 $\ln \left(q_e - q_t \right)$ 对 t 作图，所得直线的斜率即为 k_1。图 3-7 是使用伪一级动力学方程对实验数据进行线性拟合的结果。

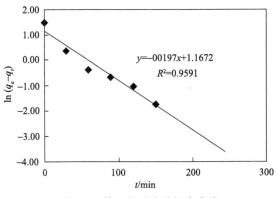

图 3-7　伪一级动力学拟合曲线

基于吸附的限速阶段与化学吸附相关，吸附动力学可以进一步建立伪二级动力学模型，方程如下：

$$\frac{dq_t}{dt} = k_2 \left(q_e - q_t \right)^2 \tag{3-4}$$

当限制条件 $t=0$ 时，$q_t=0$，式(3-4)可以进一步转化为伪二级动力学方程：

$$\frac{t}{dt} = \frac{1}{k_2 q_e^2} + \frac{t}{q_e} \tag{3-5}$$

式中，k_2 [g/(mg·min)]代表伪二级吸附速率常数。常数 k_2 和 q_e 的大小取决于线性回归相关系数 R^2。当 t/q_t 对 t 作图的相关性曲线呈直线时，k_2 可通过 $k_2=[斜率]^2/$ 截距计算。图 3-8 是使用伪二级动力学方程对实验数据进行线性拟合的结果。

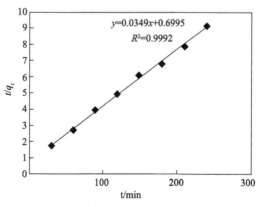

$$y=0.0349x+0.6995$$
$$R^2=0.9992$$

图 3-8 伪二级动力学拟合曲线

通过图 3-7 和图 3-8 中的拟合曲线可分别计算出在 50mg/L 浓度下 CKNSi 对铜离子吸附的动力学参数。如表 3-1 所示，从结果可以看出，伪一级动力学方程相关性较低，理论平衡吸附量与实验平衡吸附量之间相差较大。这说明了伪一级动力学方程对于 CKNSi 材料对铜离子吸附的拟合度不高。相反，伪二级动力学方程的相关性高于 0.99，这说明该动力学方程适用于 CKNSi 吸附铜离子。同时，通过伪二级动力学方程计算得到的理论平衡吸附量为 4.9730mg/g，与实验的平衡吸附量 4.3768mg/g 较为接近，这更说明了伪二级动力学方程用于描述 CKNSi 对铜离子的吸附具有合理性。

表 3-1 伪一级和伪二级动力学参数

Q_e/(mg/g)	伪一级动力学模型			伪二级动力学模型		
	k_1/min^{-1}	q_e/(mg/g)	R^2	k_2/[g/(mg·min)]	q_e/(mg/g)	R^2
4.3768	0.0197	1.4763	0.9591	0.0349	4.9730	0.9992

3.8 小 结

KGM 是一种具有高黏度和高溶解度的线型高分子,在水溶液中具有较高的溶胀性。KGM 在水中的溶胀性能主要受溶液 pH 的影响，在 pH 为 3～9 时，KGM 具有稳定的黏性，并且在加热和碱存在的条件下可以形成稳定的水凝胶[182]。本章研究在制备复合凝胶过程中通过对 pH 进行调控，进而对凝胶两种成分(纳米二氧化硅和 KGM)的动力学进行控制，成功获得理想的多孔凝胶。

　　本章研究采用的碳核磁共振是一种常用的表征有机化合物的方法。在有机物中，有些官能团不含氢(如酮基等)，这些官能团的信息不能从氢核磁共振中得到，只能通过碳核磁共振进行分析[45]。热重分析是在程序控温下测量物质的质量与温度关系的一种技术[49]。向高分子材料中添加成分进行杂化合成的物质分为两类：一类是挥发性物质，如增塑剂等[324]，它们由于分子量低，一般在高分子材料分解之前就已分解掉；另一类是无机填料，如本章研究中添加的纳米二氧化硅，它们的稳定性很高，一般在高分子物质分解以后仍有残留。所以，CKNSi 最终的质量残留远远高于 KGM。但是，热重曲线分析也有一些劣势，如当某一步热反应始终变化很小时无法看清其质量变化或当相邻的两步反应紧靠在一起时无法分辨，以及最大失重速率和时间的计算等都是在分析过程中存在的难题。因此，研究可同时分析利用热重曲线对温度或时间的一阶导数得到的微商热重曲线。

　　活性炭颗粒具有许多微孔，这些微孔增大了其比表面积，使吸附过程更加高效[325]。然而，活性炭作为一种吸附性强的微孔颗粒在水中容易分散，虽然能够吸附污染离子，但回收是一个难题。因此，本章为活性炭颗粒找到一种合适的载体，让其稳定负载便于回收。此外，本章获得的 CKNSi 对铜离子的吸附效率高于其他一些吸附材料，这说明了 CKNSi 是一种优良、廉价且环保的铜离子吸附材料。

　　本章通过利用有机(KGM)和无机(纳米二氧化硅)材料各自的优势制备出具有蜂巢结构的多孔凝胶，将其用于食品安全中对金属离子污染的吸附。微观结构显示，在纳米二氧化硅添加量为 2%、溶胶 pH 为 7.5 时，获得最佳的多孔凝胶材料。材料的结构表征结果表明，KGM 分子与硅产生了交联作用，无机材料的引入增强了材料本身的强度。研究进一步利用制备的凝胶负载活性炭进行了铜离子吸附试验，结果显示负载活性炭的凝胶具有高效的铜离子吸附性能，在 5min 内吸附量达到 2.87mg/g，在 30min 的达到的最大吸附量为 4.38mg/g。此外，通过吸附动力学对 CKNSi 的铜离子吸附过程进行了伪一级和伪二级动力学模拟，结果显示伪二级动力学模型拟合得到的模拟平衡吸附量更接近实验得到的平衡吸附量结果，CKNSi 铜离子吸附过程符合伪二级动力学模型。本章研究利用天然多糖获得了一种具有独特性能的"绿色环保"多孔凝胶材料，不仅为研发高效的水环境重金属吸附材料提供了新方案，而且开创了利用 KGM 作为前体制备有机-无机杂化材料的新思路。

第4章 KGM 凝胶功能化二：KGM 微球配料
及其对食品组分的保护机制

如何有效减少营养成分和活性物质在食品加工过程中的流失是当今食品科学与工程领域亟待解决的关键科技问题[326]。食品营养强化是通过向加工食品中添加营养素的方式来弥补天然营养物质在加工过程中流失的一种方法，但营养素来源多样化，存在安全隐患，且不能达到天然营养素的高品质[323]；食品冷加工利用高压、辐照等先进技术手段在不采用高温加热的情况下对食品进行加工处理，这样显著减少了营养成分的流失，但该技术对设备要求复杂、成本高，无法在工业上广泛应用[327]。相比之下，包埋技术是目前最有希望解决营养和活性成分流失的有效途径[328]。近年来，微胶囊技术的发展也不断提高目标食品中营养成分和活性物质的包埋效率[117]。天然高分子的凝胶体系就是其中一类切合当代高品质需要的理想的微胶囊包埋载体，其作用机制是利用凝胶体系的网络结构吸附固定化营养成分和活性物质，从而起到一定的稳定和保护效果[329]。由此可见，构建合适的营养成分和活性物质包埋载体，不仅为解决营养成分和活性物质在食品加工过程中的流失问题提供了一种行之有效的技术手段，而且对新型食品微胶囊包埋材料的开发具有重要的理论指导作用。嗜酸乳杆菌是人体肠道中最重要的微生物菌群之一，也是一类促进人体健康的益生菌[330-332]，当它们达到足够数量时，可以平衡肠道内微生物，改善人体肠道环境[333]。嗜酸乳杆菌还可以作为发酵添加剂在工业上生产乳酸[334, 335]。然而，这些益生菌产品在制造、运输和储存过程中，由于受到高温和机械力的影响会导致其失活[336-338]。此外，这些益生菌产品在人体内，还要先经过胃液和胆汁分解，使最终能够到达肠道中的活菌数大大降低[339, 340]。益生功能的发挥与嗜酸乳杆菌的活菌数量存在很大的关系，因此，只有找到解决这些问题的办法才能使益生菌制品得到更为广泛的应用。所以，益生菌的稳定性和生物利用率的提高一直是功能食品研究的热点。解决这一问题的有效途径是建立载体微胶囊，改进载体系统[130]。

微胶囊是利用天然高分子或合成高分子通过微粒构建的输送系统，这种技术有许多优势，如高度靶向性、低细胞毒性/营养需求及在体内的高稳定性[341, 342]。微胶囊技术由于可以制备出高度均匀的微球进行化学和生物活性成分的输送，近些年备受科学家们的关注[341, 342]。通过微胶囊技术，芯材与外界环境之间多了一层保护膜，降低了外界环境对芯材的影响或降解，增强了芯材的稳定性，延长了活性的保持时间[343, 344]。除此之外，Zhao 等提出了五种提高机械强度的微胶囊配方，用乳化/内胶法包裹嗜酸乳杆菌[336]。Cai 等利用乳化和海藻酸钠与钙离子的交联制备出微胶囊[337]。Benavides 等通过调控乳液的分散度获得了微胶囊化的百里香精油[345]。Cheow 等通过向藻酸盐胶微胶囊添加抗糯玉米淀粉，研究了其含有高密度生物膜菌落鼠李糖乳杆菌益生菌的耐受性[346]。

胶囊材料的选择及构建益生菌微胶囊所采用的技术是最重要的两个技术环节，它们严格地影响了胶囊的最终形态和功能特性。近些年，食品级的生物高分子是应用最广泛的一类微胶囊材料。KGM 是一种线型高分子化合物，由 α-葡萄糖和 α-甘露糖以 β-1,4-糖苷键相连，分子质量高达 200 万 Da。KGM 具有高黏度、溶解性、溶胀性，以及特定的生物活性[149, 191]。KGM 已被广泛应用在食品科学、生物和化学科学、纺织、造纸及医学领域。在葡甘聚糖的微胶囊化技术与研究方面，Zhao 等研究了 KGM 与海藻胶复合微胶囊的物理性质及其对于嗜酸乳杆菌（CGMCC1.2686）的保护作用，该研究探索了 KGM 分子质量对微胶囊的影响，制得了 400mm 左右的微球。研究结果表明微胶囊具有较高的机械强度、弹性、包封率和模拟胃液中的活菌存活率[347]。Adamiec 等介绍了喷雾干燥温度和壁材材料对柠檬油微胶囊的功能特性的影响，还研究了两种壁材材料在不同温度下对喷雾干燥产品的影响。结果表明，柠檬油能够抑制霍乱弧菌，结合 KGM 和阿拉伯胶可以提高产量和保持微胶囊中油相的比例[348]。Laine 等利用葡甘聚糖制备了微胶囊，并与阿拉伯树胶微胶囊进行了对比，还研究了利用冷冻干燥水包油乳液获得的微胶囊，研究显示葡甘聚糖由于形成更厚的胶囊壁对活性成分具有更高的保护作用[349]。

本章内容利用 KGM 为主要前体与明胶交联形成多孔凝胶颗粒作为芯材，同时选择 SA 结合魔芋葡甘低聚糖(KO)以氯化钙固定和食用油包埋合成微胶囊壁材。该方法具有以下优点：①明胶是一种制备微胶囊的理想的高分子材料，同时能够与 DAK 发生交联，而交联微孔结构使益生菌稳定吸附。②SA 是最常用的一种藻酸盐，被认为是制备微胶囊的理想壁材。已广泛用于药物载体的制备，这是由于其多糖链中的钠离子可以很容易地被二价金属离子，如钙离子所取代。③KO 是通过 γ 射线辐照降解 KGM 得到的一种低聚糖，作为一种益生元可以提高微胶囊化嗜酸乳杆菌存活率。本章研究的目的是探索以 KGM 为前体合成多孔材料的可能性，并确定 SA/KGM 作为微胶囊壁材的适用性。此外，本章研究还测定了微胶囊化嗜酸乳杆菌在正常储存条件(4℃和 25℃)下及模拟胃肠条件下的存活情况；探讨了 KO 对提高益生菌活力的影响。这一发现开辟了一种新的制备微胶囊化益生菌的方法。

4.1　KGM 多孔凝胶颗粒

取高碘酸钠 1.58g 加入 300mL 2%（W/V）的 KGM 溶液中，在 30℃下以 1000r/min 的速度遮光搅拌 12h，随后加入 5mL 乙二醇将多余的高碘酸钠反应去除。透析 3d，取上清液冷冻干燥后获得 DAK 干凝胶。将获得的 DAK 干凝胶与明胶分别配成水溶液并在 45℃下混合交联形成交联水凝胶。交联水凝胶进一步通过真空冷冻干燥获得干凝胶，随后超微粉碎过 200 目筛获得多孔凝胶颗粒。

4.2　KGM 交联凝胶微胶囊

取 1.5g DAK 多孔凝胶颗粒紫外杀菌 30min 后混于 10mL 的嗜酸乳杆菌菌悬液中。搅拌 10min 后静置 30min，加入 20mL 3%（W/V）的海藻酸钠溶液。继续搅拌 30min 后加入 100mL 含有 1%（V/V）司盘 80 的食用油；随后加入 75mL 0.1mol/L 的 $CaCl_2$ 溶液固定化微胶囊。继续搅拌 30min，并静置 30min 后取底部乳液，生理盐水冲洗两次后储存于蛋白胨凝胶中放入 4℃冰箱备用。

取 1g 微胶囊乳液溶于 9mL 磷酸二氢钠溶液（0.1mol/L）中，在 37℃调节 pH 为 8.0。嗜酸乳杆菌通过振荡均质完全释放。通过平板计数培养获得微胶囊中嗜酸乳杆菌的数量，并用式（4-1）计算包埋率（EY）：

$$包埋率 = \frac{收集的活菌计数}{总活菌计数} \times 100\% \tag{4-1}$$

4.3　微胶囊储藏稳定性研究

微胶囊化嗜酸乳杆菌在真空条件下，4℃和 25℃分别存放 4 周，每周通过平板培养技术测其存活率，从而推算其稳定性。

4.4　KO 对微胶囊的作用研究

取纯的 KGM 粉末 100g 密封于聚乙烯袋中，以 ^{60}Co 为辐射源通过辐照降解获得 KO。辐照剂量分别为 10kGy 和 20kGy。在制备微胶囊的过程中将 KO 溶解于脱脂奶粉乳液中，并与 SA 一起加入菌悬液中制得含有 KO 的微胶囊化嗜酸乳杆菌，通过测定其稳定性了解 KO 对微胶囊的作用。

4.5　微胶囊的胃肠道试验

模拟胃液(SGJ)的制备：取 0.3g/L 胃蛋白酶溶于 0.5%(V/V)生理盐水，用 12mol/L HCl 调节 pH 为 3.0。

模拟肠液(SIJ)的制备：取 1.0g/L 胰蛋白酶溶于 0.5%(V/V)生理盐水，用 0.1mol/L NaOH 调节 pH 为 7.4。

模拟胃液存活率试验：将冷冻干燥后的微胶囊加入模拟胃液中在 37℃下培养 2h。通过均质将嗜酸乳杆菌完全释放，采用平板计数测定试验结果。

模拟肠液释放试验：将冷冻干燥后的微胶囊加入模拟肠液中在 37℃下培养 2h。通过光学密度检测微胶囊化嗜酸乳杆菌的肠溶性。

4.6　KGM 交联凝胶结构研究

如图 4-1 所示，本章研究首先将 KGM 氧化改性获得含有醛基的 KGM 分子链，随后与明胶复合形成交联凝胶。这种交联凝胶具有多孔结构，且具有吸附益生菌的功能。在多孔颗粒吸附益生菌的基础上，利用海藻酸钠作为壁材，通过固定化形成稳定的凝胶颗粒，最终以食用油包埋形成稳定的油包水型微胶囊乳液。本章将会对制备的 KGM 复合微胶囊进行结构表征，并通过储藏稳定性试验和模拟胃肠道体外消化试验探讨微胶囊在食品成分包埋中的应用价值。

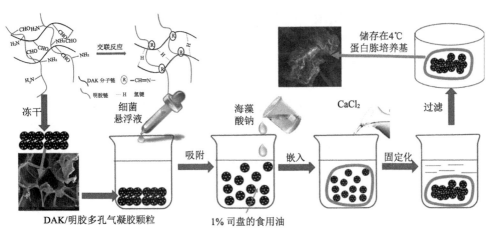

图 4-1　微胶囊化嗜酸乳杆菌示意图

本章研究通过红外光谱分别对 DAK、明胶和 DAK/明胶交联凝胶进行了结构表征，并进行了对比分析。图 4-2(a) 为三种凝胶颗粒在波数为 4000～500cm^{-1} 区间的红外光图谱，由图可知，在约 3430cm^{-1} 处的波峰为 O—H 键的振动峰，在 2900cm^{-1} 处的波峰为高分子中 C—H 键的振动峰。通过对 KGM 进行氧化改性后我们可以发现在氧化产物 DAK 红外光谱的 1732cm^{-1} 和 872cm^{-1} 区域出现了两个新的波峰。由于明胶中存在氨基化合物，所以在 1645cm^{-1} 和 1527cm^{-1} 区域出现了酰胺键的特征振动峰。在交联凝胶的红外光谱曲线中，1654cm^{-1} 处的羰基基团的振动峰有所增强，这说明了 DAK 与明胶产生了交联作用，因此凝胶颗粒中形成了更多的羰基。

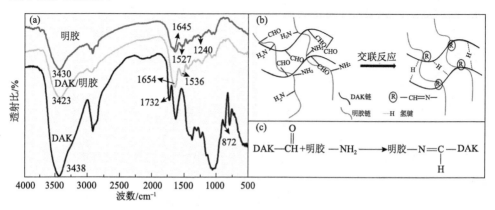

图 4-2　(a) DAK、明胶和交联凝胶的红外光图谱；(b) DAK 和明胶的交联反应示意图；(c) 席夫碱生成的反应式

图 4-2(b)～(c) 为 DAK 与明胶发生交联反应的机理图，我们可以看出，两种物质发生反应的本质是 DAK 中的醛基与明胶中的氨基之间发生羰氨反应，这也是食品加工过程中常见的美拉德反应的一个重要环节，反应形成的物质被称为席夫碱。明胶在微胶囊技术领域具有非常高的应用价值，它除具有很好的成膜性质与成胶性质，能和许多物质发生交联外，还是一种天然的高分子，成本低廉、无毒且可降解，从而有效降低微胶囊的毒性。已有很多研究证明，KGM 及其衍生物能够与明胶发生交联反应，形成性能优良的凝胶产品。本章研究的第一步就是利用 DAK 与凝胶的交联性，形成具有微孔结构的交联凝胶颗粒，从而可以稳定地吸附嗜酸乳杆菌并起到保护作用。

4.7　KGM 交联凝胶的形貌研究

图 4-3 为交联凝胶多孔结构和冻干微胶囊的 SEM 图像。由图 4-3(a) 可以看出，DAK/明胶交联凝胶颗粒中形成了大量的微孔结构，这些微孔结构有序、均一，而

且通过 SEM 图像发现这些微孔孔壁光滑且具有一定的厚度，形成了有序的通道。凝胶具有的大尺度功能性质是由其结构所决定的，这也为之后其吸附嗜酸乳杆菌提供了前提条件，所以这种多孔材料在微胶囊技术中具有潜在应用价值。因此，通过研究可以实现对凝胶多孔结构的调控，得到一种良好的微胶囊载体。

图 4-3　(a)交联凝胶的微观形貌；(b)冻干微胶囊 SEM 图像；(c)微胶囊表面图像

本章研究进一步利用海藻酸钠对多孔益生菌颗粒进行了包埋，并利用氯化钙固定化形成微胶囊。图 4-3(b)～(c)所示为最终形成的微胶囊冻干后的 SEM 图像，微胶囊的表面凝结聚集且整个胶囊呈现"葡萄干"形状。形成这种结构是由 KGM 凝胶的物理形态变化所导致的，在冷冻状态下凝胶收缩而产生微孔结构。将微胶囊壁进行高倍放大观察，我们可以发现胶囊壁光滑且坚韧，在冷冻状态下没有形成裂痕，这表明制备的微胶囊能够很好地保护内部的活性成分，防止外部因素对内部活性成分的破坏。微胶囊技术近些年已经广泛地应用于对益生菌的保护。影响微胶囊质量的因素是多方面的，如微胶囊材料的选择或微胶囊合成技术的运用。微胶囊的包埋率是最常用的一种体现其质量的参数。本章研究获得的微胶囊对嗜酸乳杆菌的包埋率为 62.5%。

4.8　交联凝胶功能化：食品微球配料及其对食品组分的保护机制

4.8.1　微胶囊储存稳定性研究

微胶囊在 4℃和 25℃条件下的储藏稳定性曲线分别见图 4-4 和图 4-5。微胶囊储藏 4 周，我们可以看出在两个温度下，没有微胶囊化菌粉中嗜酸乳杆菌残留量都有明显的下降,分别下降了4.75lg(CFU/g)和5.93lg(CFU/g)。相比之下,微胶囊化菌粉中嗜酸乳杆菌的下降速率和下降量都有明显的减少,其中微胶囊水凝胶中微生物下降量分别为1.63lg(CFU/g)和2.31lg(CFU/g),冻干微胶囊菌粉中微生物下降量分别为0.31lg(CFU/g)和0.93lg(CFU/g)。微胶囊技术可以将活性物质包裹于凝胶颗粒中从而对其起到保护作用,因此这种技术可以应用于嗜酸乳杆菌的保护和寿命的延长。

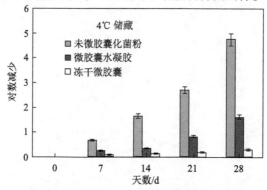

图4-4　微胶囊在4℃条件下的储藏稳定性

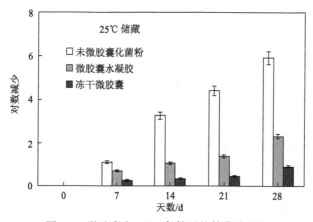

图4-5　微胶囊在25℃条件下的储藏稳定性

　　通过对两个不同温度下嗜酸乳杆菌的失活数进行对比,三种不同状态的嗜酸乳杆菌在4℃比在25℃时更稳定。该研究证明了嗜酸乳杆菌在低温状态下对外界的抗性更强,这是因为在较高温度下,高分子材料形成的微胶囊壁更容易发生分解,使微胶囊的渗透性发生了改变,从而减弱了材料对益生菌的保护作用。与此同时,由结果可知冻干的微胶囊化嗜酸乳杆菌比水凝胶状态下的微胶囊更稳定,因此冻干微胶囊可以促进微胶囊的稳定性。微胶囊确实是一种能够保护益生菌避免外界破坏的有效方法,但是在储藏过程中的低温或在消化过程中的强酸还是会造成益生菌的显著失活。

4.8.2　KO 对微胶囊冷冻抗性影响的研究

本章研究了 KO 对两种不同状态下嗜酸乳杆菌存活率的影响，并进行了显著性分析(表 4-1 和表 4-2)。从表 4-1 可以看出，随着 KO 浓度的增加，嗜酸乳杆菌的存活率从 40.74%上升到 63.49%。KO 的浓度从 0%(W/V)到 5%(W/V)，存活率有显著的增加。在这种情况下，微生物细胞膜的破裂成为其死亡的主导因素。表 4-2 为 KO 对微胶囊化嗜酸乳杆菌存活率的影响，结果和表 4-1 相似，随着 KO 浓度的增加，KO 的浓度从 0%(W/V)到 8%(W/V)，存活率有显著的增加。通过两表的对比发现表 4-2 中益生菌的存活率要远高于表 4-1 中的存活率，这是因为加入的 KO 与微胶囊材料中的 SA 产生了协同作用。与此同时，KO 的凝胶性质在其高浓度下也对微胶囊产生了影响，所以当 KO 的浓度从 8%(W/V)增加到 10%(W/V)后，微胶囊化嗜酸乳杆菌的存活率反而下降。

表 4-1　KO 对嗜酸乳杆菌存活率的影响

KO 的浓度/%(W/V)	活菌数/lg(CFU/mL)		存活率/%
	冷冻干燥前	冷冻干燥后	
0	9.89 ± 0.16	4.03 ± 0.12	40.74[a] ± 0.55
1	9.94 ± 0.14	4.40 ± 0.06	44.27[b] ± 0.20
2	9.58 ± 0.09	4.72 ± 0.02	49.27[c] ± 0.25
3	9.79 ± 0.06	5.40 ± 0.05	55.16[d] ± 0.17
4	10.02 ± 0.18	6.04 ± 0.12	60.28[e] ± 0.11
5	9.46 ± 0.11	5.90 ± 0.18	62.36[f] ± 0.17
6	9.56 ± 0.02	6.07 ± 0.03	63.49[f] ± 0.18

a~f. 字母相同代表不存在显著差异($P < 0.01$)。

表 4-2　KO 对微胶囊化嗜酸乳杆菌存活率的影响

KO 浓度/%(W/V)	活菌数/lg(CFU/g)		存活率/%
	冷冻干燥前	冷冻干燥后	
0	8.72 ± 0.16	5.54 ± 0.12	63.53[a] ± 0.21
2	9.31 ± 0.14	6.40 ± 0.06	68.75[b] ± 0.38
4	9.48 ± 0.06	6.77 ± 0.07	71.41[c] ± 0.28
6	9.66 ± 0.13	7.24 ± 0.03	74.95[d] ± 0.69
8	9.83 ± 0.18	7.80 ± 0.12	79.19[e] ± 0.22
10	9.76 ± 0.14	7.63 ± 0.14	78.17[e] ± 0.31

a~e. 字母相同代表不存在显著差异($P < 0.01$)。

KO 既是嗜酸乳杆菌的促益生菌剂，也是一种抗冻剂。因此，KO 能使冷冻干燥后胶囊化和未胶囊化嗜酸乳杆菌存活率都有显著的提高。

4.8.3　体外胃肠道模拟消化试验

1. 微胶囊化嗜酸乳杆菌在体外模拟胃液消化中的存活性

图 4-6 为微胶囊化嗜酸乳杆菌的体外胃肠道模拟试验结果。如图 4-6 所示，加入 KO 和 SA 后，微胶囊在模拟胃液中的稳定性得到了增强。海藻胶微胶囊活性的增强作用是由于模拟胃酸导致了 SA 链中的羧基质子化作用，这种作用可以进一步减少多糖链间静电斥力和氢键的形成，从而使网络凝胶收缩，增强保护作用。KO 提高微胶囊的稳定性依赖于其益生元性能和抗冻性能。此外，KO 与 SA 链作用增强了微胶囊壁材的密封性，因此在胃液模拟试验中，益生菌的存活率得到了提高。结果显示，未微胶囊化的 *L. acidophilus* 浓缩菌泥在 pH 为 3 的人工模拟胃液中温育 2h，活菌下降速率明显高于胶囊化的 *L. acidophilus*，且下降量最高，达到了 4.08lg(CFU/mL)。

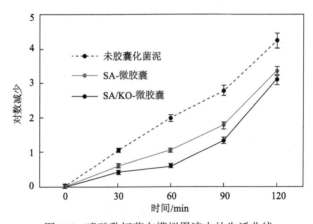

图 4-6　嗜酸乳杆菌在模拟胃液中的失活曲线

包埋后的 *L. acidophilus* 在人工模拟胃液中的存活率都有所提高，结果显示单纯 SA 包埋的 *L. acidophilus* 微胶囊在模拟胃液中温育 2h 后，活菌下降量为 3.36lg(CFU/mL)。KO 与 SA 复配包埋的 *L. acidophilus* 微胶囊在模拟胃液中温育 2h 后，活菌下降量仅为 3.14lg(CFU/mL)。此外，在图中我们可以发现，添加了 KO 后的微胶囊活菌下降速率在分解初期也明显比不添加 KO 的慢，这说明了 KO 对微胶囊的保护有促进作用。微胶囊的壁材应该具备不被胃液消化和降解的特性，壁材作为益生菌的保护层，其越紧密结实，层数越多，对益生菌的保护作用越强，益生菌存活概率也就越大。SA 和益生元物质形成胶体后产生协同互联效应，可以提高微胶囊结构的完整性、凝聚性和连续性，从而为益生菌提供更好的保护。因此，由研究结果可知，KO 能够保护嗜酸乳杆菌，提高其在模拟胃液中的耐受力，降低菌体的活菌下降量。

2. 微胶囊化嗜酸乳杆菌在模拟肠液中的缓释性

图 4-7 显示了随着时间的推移两种不同微胶囊在模拟肠液中嗜酸乳杆菌的释放率，两个参数都在试验 60min 后接近峰值，这说明所有的嗜酸乳杆菌可以在 60min 内被全部释放到肠道中。益生菌的释放是由于在碱性的肠液中微胶囊发生溶胀，内容物就会随着肠液扩散进入微胶囊而分散出来。研究对比了两种不同微胶囊壁材包埋的嗜酸乳杆菌在模拟肠液中释放的不同程度。从结果可以看出，两种微胶囊在肠液中都具有缓释性，且缓释效果都非常良好，在 60min 时都接近了释放的平衡值。SA 微胶囊和 SA/KO 微胶囊分别在 60min 释放嗜酸乳杆菌 73.49% 和 66.45%。所以添加 KO 降低了内容物 7 个百分点的释放率，因此这再一次证明了 KO 对于微胶囊化嗜酸乳杆菌的稳定性具有增强作用。

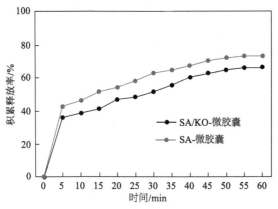

图 4-7　不同状态下嗜酸乳杆菌在模拟肠液中的释放率

益生菌发挥功效的场所是小肠，包埋益生菌的壁材应该不被胃液分解，而要在肠液中完全崩解，以使益生菌全部释放到小肠中，发挥其功效。KO 与 SA 复配包埋的 *L. acidophilus* 微胶囊，对胃酸有较强的抵抗力。结果显示，随着微胶囊在模拟肠液中消化时间的延长，模拟肠液的吸光度逐渐增大。这种现象说明 KO 与 SA 复配形成的微胶囊壁材能够在模拟肠液中逐渐崩解，肉眼观察到在 60min 时，人工模拟肠液就已呈透明的乳白色溶液，不存在固体颗粒。此时，*L. acidophilus* 几乎完全释放到肠液中。随着模拟肠液消化时间的延长，肠液中 *L. acidophilus* 的活菌量逐渐增大，这从正面进一步反映在模拟肠液消化的 1h 内，*L. acidophilus*

逐渐从微胶囊中释放到肠液中。因此，本章内容研究的 KO 与 SA 复配形成的微胶囊壁材具有肠溶性，既能有效保护 *L. acidophilus* 顺利通过胃液，又能在肠液中使其完全释放出来。

4.9　小　　结

微胶囊技术可以将活性物质包裹于凝胶颗粒中从而起到保护作用，因此这种技术可以应用于嗜酸乳杆菌的保护和寿命的延长[350]。综上所述可得到以下结论：①微胶囊化能够延长嗜酸乳杆菌的货架期；②微胶囊的低温储藏稳定性较高；③在相同环境下，冻干微胶囊的储藏稳定性高于湿微胶囊；④冷冻干燥过程致使部分菌体失活，降低了嗜酸乳杆菌的活菌数。为了提高冷冻干燥过程中菌体的存活率，本书将在第 5 章进一步研究添加冷冻干燥保护剂强化微胶囊对嗜酸乳杆菌的保护作用。

冷冻和冻干技术通常应用于活性物在长时间运输过程中的活性和功能性的保护，但是这些技术会产生一定的副作用，如降低很多不同种类细胞的活性[351]。因此，近年来的一些研究已经开始关注促益生菌作为抗冷冻剂，在微胶囊的制备和运输过程中如何有效促进被包埋成分的活性与功能性。这些促益生菌被证实具有很高的应用价值，尤其是与一些对细胞损伤较大的微胶囊造粒技术(如喷雾干燥或冷冻干燥)联合使用的情况下更能发挥其优势。许多已有的研究证明了 KO 是一种促益生菌物质[352, 353]，因此，本章研究探讨了这种低聚糖对嗜酸乳杆菌的促益生作用。

益生菌的微胶囊化成功与否主要依赖于两个必要的条件，一是确保其在胃液中能够被保护而不会失活，二是能够在肠液中被缓慢释放，从而发挥益生作用[354, 355]。结果表明，在这项研究中的材料和技术能有效地提高嗜酸乳杆菌在酸性条件下的生存能力。同时，制备的微胶囊具有良好的肠道溶解性，能在消化道中起到靶向释放的作用。结果表明，研究选用的材料和微胶囊化技术能够高效地保护嗜酸乳杆菌在模拟胃液中的活性，同时获得的微胶囊材料具有很好的肠溶性，能够使嗜酸乳杆菌缓慢释放到模拟肠液中实现益生作用。

本章研究利用魔芋葡甘聚糖为主要原料合成了一种新型的微胶囊。微胶囊以二醛魔芋葡甘聚糖和明胶交联为芯材制备多孔凝胶颗粒吸附嗜酸乳杆菌，并以魔芋葡甘低聚糖和海藻酸钠为壁材，最终用氯化钙固定、食用油包埋。本章研究利用 FTIR 和 SEM 对微胶囊进行了表征，同时测试了微胶囊的包埋率和稳定性。结果表明，微胶囊的包埋率为 62.5%，二醛葡甘聚糖与明胶交联形成了多孔颗粒，多孔颗粒具有光滑而厚实的壁，可以保护被吸附在内的物质。微胶囊储藏稳定性的研究表明在 4℃和 25℃下，微胶囊化的嗜酸乳杆菌都可以存活更长的时间。体外胃肠道模拟消化试验显示微胶囊可以有效地保护嗜酸乳杆菌，同时具有在肠道中的靶向缓释作用。此外，本章研究还探讨了魔芋低聚糖对嗜酸乳杆菌抗冻作用的影响，结果表明通过添加魔芋低聚糖大大提高了冻干微胶囊化嗜酸乳杆菌的存活率。本章研究为以魔芋葡甘聚糖及其衍生物制备微胶囊凝胶提供了新的思路。

第5章 KGM凝胶功能化三：基于KGM的检测器及其对胺分子的识别机制

如何实现对食品中不同成分的高效检测是当今食品安全与检测领域亟待解决的关键科技问题[356]。传统理化检测方法虽然技术成熟、准确率高，但很难实现多样品的同时检测[357]。新型的生物检测技术，如酶抑制技术、免疫分析技术等虽然可以达到快速检测的目的，但成本高且针对性较强，难以被广泛应用[358]。相比之下，化学微反应技术是目前最有希望实现高效检测的有效途径之一[359]。近年来，化学比色分析检测技术的发展不断提高了科学工作者对食品中不同成分的检测效率[360]。天然高分子的凝胶体系就是其中一类切合当代环保需要的理想微反应检测平台，其作用机制是利用凝胶体系的高黏弹性形成微纤丝网状体，通过观察网络结点的颜色变化对食品成分进行检测和建立食品不同成分分子指纹[149]。由此可见，构建合适的食品化学成分微纤丝载体，不仅为食品高效检测提供了一种行之有效的技术手段，也对新型微反应器的开发具有重要的理论指导意义。

近年来，微纤维的合成与应用备受关注，原因在于其作为微反应器[361]、光学传感器[362]和生物材料[363]有着诸多的优点。目前制备微纤维有很多种方法，如静电纺丝[364]、喷气纺丝[365]和微流纺丝[366]等。其中，微流纺丝技术(MST)由于可以制备高度均匀的超细纤维和高度有序的纤维阵列而引起了人们关注[367]。微流纺丝是一项设计微观流体动力学的技术，由于微流体的表面张力、能量耗散及流体阻力的不同而引起，流动在微通道中流体的行为不同。相比于其他纺丝技术，采用微流纺丝时，纤维的形状、大小和组成是可控的。微流纺丝的另一个关键特性是它能够处理单个纤维，并通过交叉和织造装配三维纤维结构[368]。基于此原理，利用特殊设计的微通道，可以建立由样品和鞘流组成的三维同轴流动。利用紫外光、离子或化学交联和溶剂交换固化同轴流动液体，可以生产固化纤维[369]。此外，微流纺丝受参数影响较小，微流纺丝过程中的湿环境有助于封装敏感材料，如细胞。细胞可以简单地、安全地包裹在纤维中，如在溶液中引入细胞悬浮液，然后在微流体通道中凝固[370]。

微流纺丝技术已经得到了广泛的应用，Xu等报道了一种通过微流纺丝技术合成荧光高分子混合阵列的方法[371]；Roig等开发了一种新的微流控技术来合成激子发光氧化锌[372]，并将其应用于太阳能电池[373]；Shi 等研制出一种具有微孔结构的光交联微纤维[374]。然而，目前微流纺丝所用的材料大多数是有限的几种合成高分子，如聚二甲基硅氧烷 (PMDS)[375]、聚乙烯吡咯烷酮 (PVP)[371] 和聚乙烯醇 (PVA)[376] 等。这些材料一方面由于其合成单体的环境污染作用，另一方面成本较高；更重要的是，这些材料很难在食品科学与技术领域安全地使用。因此，我们亟须开发一种新型的天然生物材料作为微流纺丝的前体来合成更安全的微纤维，尤其是低成本、生物相容原材料。这也是生物医学领域基于经济效益和高性能的一项具有挑战性的任务。

多糖是一种极具价值的天然植物提取物，是良好的材料合成前体[377]。目前，已经有一些学者开始以植物多糖为原料生产超细纤维，但是大部分多糖固有黏度很差，广泛应用于材料合成仍然存在挑战，这就为我们寻找一种天然多糖并利用微流纺丝技术合成超细纤维提供了动力。KGM 是一种线型高分子多糖化合物[226]，第 2 章已探讨了 KGM 可以与多种高分子材料复配产生较强的黏弹性，赋予材料更强的成丝特性，而其强大的持水性能可以保持纺丝纤维的水分，这样可以使很多化学反应能够在纤维的水分条件下发生。与此同时，KGM 作为一种可食性多糖，也具有良好的生物相容性，在生物医药和组织工程中具有潜在的应用价值[232]。多糖已经成为一种微流纺丝的理想材料，但是以 KGM 为原料的研究还从未见报道。

本章研究以 KGM 为主要原料，利用微流纺丝技术设计出一种全新食品凝胶检测器用于有害成分的检测。该检测设备具有以下优点：①KGM 是一种高黏度、高溶胀度且在水溶液中具有良好溶解性的多糖，因此是理想的可应用在生物材料和生物医学领域的原料；②本章研究所制备的超细纤维可以轻松交织成微阵列或网状结构，因此可以作为一种微反应器应用于分子识别；③本章研究充分利用 KGM 的可食性和无毒性开发了一种具有负载作用的 KGM 纤维网，它可以应用于生物医学领域，如伤口敷料和组织工程。本章研究为以天然生物多糖作为前体制备食品凝胶检测器用于有害成分的检测提供了创新性的思路。

5.1　KGM 凝胶功能研究

5.1.1　KGM 双网络微纤维凝胶

取 1g KGM 粉末溶于 99g 去离子水中，配成质量分数为 1%的 KGM 水溶胶；取 1g PAAS 粉末溶于 99g 去离子水中，配成质量分数为 1%的 PAAS 水溶胶。将配好后的 KGM 水溶胶与 PAAS 水溶胶充分混合后装入注射器中。通过微流纺丝机制备 KGM/PAAS 微纤维和微纤维阵列，纺丝参数为：水平推动速度为 0.1mL/h，接收器旋转速度为 800rad/min。

5.1.2　KGM 微反应器鉴别胺分子

取 1g KGM 粉末溶于 99g 去离子水中，配成质量分数为 1%的 KGM 水溶胶；取 1g PAAS 粉末溶于 99g 去离子水中，配成质量分数为 1%的 PAAS 水溶胶。将配好后的 KGM 水溶胶与 PAAS 水溶胶充分混合后分成两份，一份添加少量荧光素粉末使溶胶变色，另一份分别加入质量分数为 1%的胺溶液（尿素、三乙醇胺和丙烯酰胺），随后将两份不同的溶胶分别装入不同注射器中。用加入荧光素的溶胶横向纺丝形成纤维，用加入三种不同胺溶液的纺丝纵向形成纤维，横纵纤维交叉成为微纤维阵列。纺丝参数为：水平推动速度为 0.1mL/h，接收器旋转速度为 800rad/min。通过荧光显微镜和共聚焦显微镜观察与检测凝胶阵列结点处荧光强度的改变来鉴别不同的胺分子。

5.1.3　KGM 微纤维创伤敷料应用研究

取 1g KGM 粉末溶于 99g 去离子水中，配成质量分数为 1%的 KGM 水溶胶；取 1g PAAS 粉末溶于 99g 去离子水中，配成质量分数为 1%的 PAAS 水溶胶。将配好的 KGM 水溶胶与 PAAS 水溶胶充分混合并加入 1g 氧氟沙星颗粒后装入注射器中。通过微流纺丝机制备负载氧氟沙星的 KGM/PAAS 微纤维和微纤维阵列。纺丝参数为：水平推动速度为 0.1mL/h，接收器旋转速度为 800rad/min。通过 SEM 观察药物颗粒在凝胶中的分散程度，预测其作为伤口敷料的潜在应用价值。

5.2　KGM 微纤维凝胶结构研究

如图 5-1 所示，本章研究首先将 KGM 与 PAAS 复合形成具有双网络结构的凝胶，随后利用微流纺丝技术制得 KGM 微纤维凝胶网。图 5-1（b）显示，本章研究可以获得高度有序的微纤维凝胶阵列。因此，通过在纤维凝胶中添加不同的化学试剂或药品，可以建立一种分子识别的检测平台。本章将会对制备的 KGM 复合纤维进行结构表征，并探讨微纤维凝胶在食品有害成分检测中的应用价值。此外，本章内容也探讨了这种微纤维凝胶作为伤口敷料的潜在应用价值。

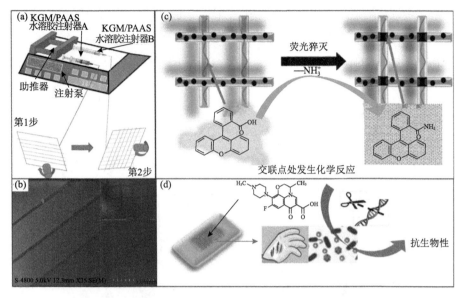

图 5-1　(a)微流纺丝示意图；(b)微纤维电镜图；(c)微纤维应用于荧光反应的微反应器；(d)微纤维应用于氧氟沙星药物负载的伤口敷料示意图

5.2.1　红外光谱分析

研究利用红外光谱对纤维的结构进行了表征，图 5-2 是 KGM 和 KGM/PAAS 在波数为 4000～500cm^{-1} 区间的红外光图谱。由图可知，两条曲线在 3400cm^{-1} 附近和 2900cm^{-1} 附近出现的峰分别为高分子化合物中 O—H 键和 C—H 键的振动峰，这表示两种材料中都有以上两种化学键。但是，我们可以看到，这两种化学键在不同曲线中振动的峰形不同。对于 O—H 键，在 KGM 曲线中振动峰的强度和峰面积都明显大于 KGM 与 PAAS 混合后的材料，这说明 PAAS 的引入使材料失去了更多的水分，同时增强了韧性。而 C—H 键在引入 PAAS 后有明显的增多。此外两条曲线在 1463cm^{-1} 处都出现了 C—H 烷烃弯曲振动吸收峰，同时在 890cm^{-1} 附近出现多糖中 β-1,4-糖苷键所产生的振动峰。

在红外光图谱中除两种材料共同的振动峰外，也发现了一些不同之处。首先，KGM/PAAS 的图谱中，在 2820cm^{-1} 处出现了一个新的峰，这很可能是 PAAS 中 C—H 所产生的振动峰。其次，在 1143cm^{-1} 处出现的振动峰很可能为 PAAS 中 C—O 伸缩振动或饱和酯 C—C(═O)—O 的谱带。最后，我们还发现在 KGM 图谱中 1730cm^{-1} 的振动峰是由 KGM 分子链中的乙酰基产生的，但此振动峰在 KGM/PAAS 的图谱中消失了，这说明在加入 PAAS 后乙酰基被脱去了。这是由于 PAAS 溶液具有弱碱性，碱性溶液中的氢氧根离子具有脱乙酰基作用。脱乙酰基改性是一种常用的 KGM 改性方法，通过脱乙酰基可以使 KGM 形成凝胶，我们在第 3 章也讨论了弱碱条件更有利于材料形成稳定的凝胶和微孔。本章通过添加 PAAS 创造了天然的弱碱环境，使 KGM 具有更强的韧性，从而在纺丝过程中更加稳定且提高了纤维对药物颗粒的负载能力。

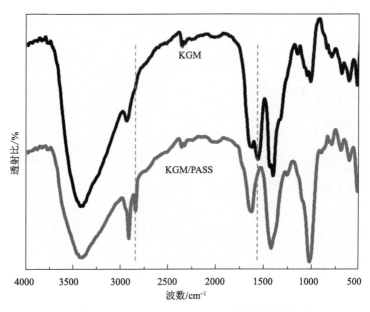

图 5-2　KGM 和 KGM/PAAS 的红外光图谱

5.2.2　X 射线衍射图谱分析

图 5-3 为 KGM 和 KGM/PAAS 的 X 射线衍射图谱。由图 5-3 可以看出，在 2θ 为 10°～30°区间的两种凝胶都形成了较宽的漫散射峰，这代表两种物质都处于非结晶状态。KGM/PAAS 具有更平而宽的峰，说明其无定形区域比 KGM 更多。通过 X 射线衍射实验可以建立 X 射线散射强度与衍射角之间的函数关系。通过对 KGM 和 KGM/PAAS 的 X 射线衍射表征分析，发现加入 PAAS，完全改变了 KGM 原有的物质结构及其分子内原子的径向分布。我们可以看到在 2θ 为 22°附近，KGM 有一个非常明显的漫散射峰，而在加入 PAAS 后峰的强度下降且发生了变形。利用径向分布函数(RDF)可以得到表征结构的重要参数，再结合一些化学及光谱信息，即可对材料的结构做进一步的分析，从而为揭示材料的结构与物理性能及力学性能之间的联系提供了重要依据，该函数具有重要的应用价值。

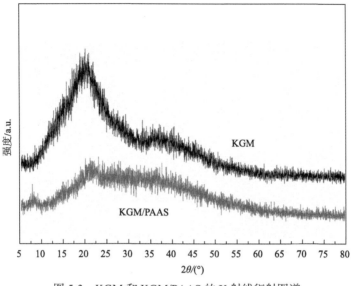

图 5-3　KGM 和 KGM/PAAS 的 X 射线衍射图谱

5.2.3　热重分析

图 5-4 是 KGM 和 KGM/PAAS 两种凝胶的热重曲线。从图 5-4 中我们可以看出，KGM/PAAS 的质量损失具有三个阶段，而 KGM 的只有两个阶段。此现象说明通过加入 PAAS，改变了 KGM 原有的热力学行为。KGM 在整个加热过程中出现两次质量的变化，也就是发生了两次吸热反应，而添加 PAAS 后变为了三次。两种材料都从 100℃ 左右开始出现质量的轻微下降，这说明在此温度下样品中的水分开始蒸发。当水分蒸发完后，我们看到 KGM 在固态物质分解前有一段平衡区，而添加 PAAS 后这一平衡区变得不明显了。KGM 在 220℃ 左右开始第一次分解，质量损失了 60% 左右，而添加 PAAS 后虽然初始分解温度同样在 220℃ 左右，但第一阶段损失质量只有 15%。随着温度的升高，KGM/PAAS 在 350～420℃ 之间有一个较缓慢的质量损失区域，在 600℃ 质量最终下降到 40%。而单纯的 KGM 的第二阶段分解发生在 330℃ 之后，在 600℃ 质量最终下降到 20%。对两条曲线进行对比，可以看出 KGM/PAAS 纤维材料的分解需要更高的温度。而两种材料在最后一个质量损失阶段有显著的差异，同时 KGM/PAAS 纤维材料的残留量高于 KGM，这说明加入 PAAS 对 KGM 的改性可以使其热稳定性大大提高。

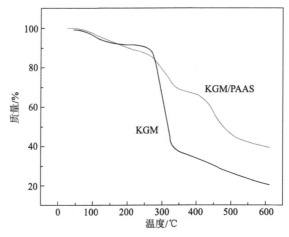

图 5-4　KGM 和 KGM/PAAS 的热重分析曲线

5.3　纤维凝胶功能化：食品凝胶检测器

及其对胺分子的识别机制

5.3.1　KGM/PAAS 微纤维阵列对胺分子的识别

本章研究通过将荧光素和不同的胺分子溶液加入纺丝液中制备出具有分子识别的微纤维网，建立了一种具有分子识别功能的分析微平台。图 5-5 所示为荧光显微镜下（40 倍）不同胺分子与荧光素在 KGM/PAAS 微纤维阵列中的反应，以及各自的荧光强度变化曲线。图 5-5(a)～(c) 分别为微流纺丝制备不同胺溶液的 KGM/PAAS 微纤维阵列，图中纵向的纤维都载有荧光素，所以在显微镜下观察为绿色。横向纤维分别载有三种不同的胺分子溶液（尿素、三乙醇胺和丙烯酰胺），因此横向纤维的图像为灰色。

本研究制备的 KGM/PAAS 是一种良好的化学成分的载体。在纤维阵列的结点处，由于胺分子与荧光素发生了交联反应，所以颜色发生了变化。这种颜色的变化从本质上讲是化学反应中的荧光猝灭。本研究中使用的荧光素就是在波长为 525nm 下具有绿色荧光的物质，而使用的胺分子溶液是一种荧光猝灭剂。实验中不同的胺分子溶液与荧光素在水溶胶的融合下发生反应，使荧光强度发生了不同程度的降低，原有荧光素的吸收光谱发生了明显的变化，所以是一种静态猝灭现象。利用共聚焦荧光显微镜对结点处的荧光强度进行检测后，我们获得了不同胺溶液的荧光曲线，我们可以看出纵横两条纺丝纤维不仅简单地交叉在一起，而且为高分子的融合提供了一个良好的反应环境。此外，不同胺分子与荧光素发生了不同程度的交联反应，通过对荧光强度信号的绘制与对比，得到图 5-5(d)，这样可以更清晰地看到不同胺溶液在纤维阵列的结点处与荧光素产生了不同的信号指示。其中，三乙醇胺的加入使荧光强度下降最多，而尿素和丙烯酰胺则没有使荧光强度下降明显。当取代基是酸性基团或碱性基团时，在酸碱性介质中容易转化为相应的盐或发生质子化，使荧光强度减弱甚至消失。由于三乙醇胺具有碱性，我们可以看到其与荧光素反应导致了荧光强度几乎消失。

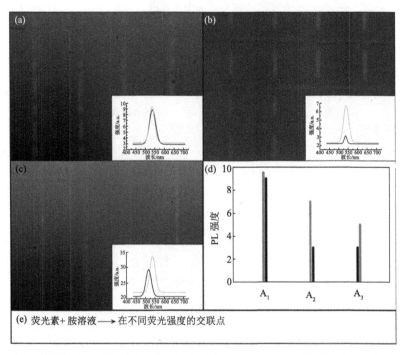

图 5-5　荧光显微镜下(40 倍)不同胺分子与荧光素在 KGM/PAAS 微纤维阵列中的反应，以及各自的荧光强度变化曲线(附彩图，见封三)

(a)尿素；(b)三乙醇胺；(c)丙烯酰胺；(d)基于荧光强度曲线的不同胺分子识别；(e)KGM/PAAS 微纤维阵列结点的化学反应机理

5.3.2　KGM/PAAS 微纤维阵列的负载研究

本章研究利用微流纺丝技术制备了 KGM/PAAS 微纤维，通过进一步交叉纺丝可以获得有序的纤维阵列。图 5-6(b)是纺丝纤维和阵列的 SEM 图像，我们可以清晰地看到微纤维阵列的微观结构及其有序的"井"字形阵列结构。本章制备的 KGM/PAAS 微纤维是连续且均一的纤维，平均宽度为 100μm。本章将其作为药物载体并探索其作为伤口敷料的潜在应用价值。

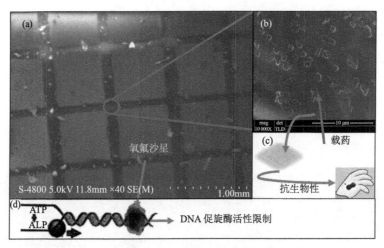

图 5-6　(a) 和 (b) KGM/PAAS 微纤维阵列负载氧氟沙星颗粒 SEM 图像；(c) 和 (d) KGM/PAAS 微纤维阵列潜在应用于伤口敷料的抗菌机理示意图

　　研究对 KGM/PAAS 微纤维网的药物负载性做了进一步的探索试验。图 5-6 为 KGM/PAAS 微纤维阵列对氧氟沙星颗粒负载试验的电镜图及其可以作为潜在伤口敷料的机理示意图。在复合凝胶纺丝液的制备过程中通过缓慢加入氧氟沙星颗粒获得含有药物的纺丝液，在纺丝过程中控制纺丝推进器速度为 0.1mL/h，纺丝接收器旋转速度为 800rad/min，最终获得了药物负载微纤维网。从图 5-6(b) 中可以看到，氧氟沙星药物颗粒均匀地分散在微纤维中。氧氟沙星在创伤感染治疗中有广泛的应用，是一种广谱的抗生素。从图 5-6(c)～(d) 可以看到氧氟沙星作为抗生素的抑菌机理。由于氧氟沙星是一种氟喹诺酮类药物，所以它可以通过干扰细菌的 DNA 而起作用。氧氟沙星除用于口服和注射外，还作为制剂用于外敷，但是药物在外敷过程中如何缓慢释放是一个需要解决的问题。微纤维负载药物既可以防止药物大量且短时间作用导致副作用的产生，又可以使其长期作用，增加药效。

5.4　小　　　结

　　本章研究不但证明了获得的微纤维凝胶能够对不同胺分子产生的荧光强度的差异性，还发现当不同的胺分子溶液与荧光素发生反应后改变荧光强度的最大波长，荧光强度曲线的峰值会发生相应的位移。这是由不同取代基及其不同位置所造成的。取代基在试剂分子上的位置及取代基的数量对试剂荧光量子产率的影响视具体情况而定，对于不同的发光母体，同类取代基所处位置不同所表达的荧光强度变化规律也不相同[378]。另外，对荧光的影响还要看取代基的种类，小体积取代基所贡献的共轭效应小，只是体现出其电荷影响；大体积取代基，如苯或乙炔基苯，共轭效应大，取代后扩大了试剂共轭体系，使荧光增强的效应大于其吸电子使荧光减弱的效应，结果是取代后荧光强度不是减弱而是大大增强[379]。当然，本章对于胺分子溶液的检测可以扩大到其他具有相同成分的分子溶液中。例如，推电子取代基可以增加荧光强度，而吸电子取代基可以减弱荧光强度[380]。重原子取代基，如卤素(Cl、Br 和 I)取代芳烃上的重原子后荧光强度一般随卤素原子数量增加而减弱，这一效应称为"重原子效应"[381]。饱和烷烃取代基虽然对荧光体的荧光强度影响不大，但是由于可动的饱和烃基的引入，增加了荧光体的振动和转动自由度，因而削弱了荧光激发光谱和发射光谱振动结构的分辨率，同时激发峰和发射峰略微红移[382]。杂原子对荧光的影响比较复杂，有时增强荧光，有时减弱荧光，主要看杂原子化合物的结构，简单杂环化合物的荧光量子产率很小，几乎为 0，但当它们与苯相连后产物荧光大大增强[383]。综上所述，这些不同取代基产生的荧光变化都可以作为未来研究与应用的方向，而这些不同溶液对应的荧光强度信号可以作为"分子指纹"记录其在微反应器中的"身份"。

本章采用了 KGM 作为主要原料获得了具有良好载药性能的微纤维凝胶，同时由于 KGM 是一种天然无毒且可食的多糖材料，因此具有良好的生物相容性[384]，所以制得的这种载药微纤维网在伤口敷料应用中具有很高的价值。此外，如今静电纺丝技术是制备药物载体的最常用的方法，由于其高效性和可以获得纳米纤维而有很大的优越性，在药物的负载，尤其是纳米药物的包埋中具有广泛的应用[385]。但是，静电纺丝也有一些不足：①静电纺丝需要高压静电的外界作用力才可以形成纳米纤维，对设备的要求比较高且整个纺丝过程对条件的要求高，整个工艺较为复杂；②虽然静电纺丝可以获得纳米纤维，但由于纺丝过程条件难以控制，形成的纤维尺寸很多情况下不均匀且容易形成液滴的结点，影响整个材料的质量；③静电纺丝形成的纳米纤维是无序的纤维膜，容易造成药物分布的不均匀。但是，这些不足都是利用微流纺丝可以克服的，因为微流纺丝只需要外界的机械力便可以实现，而且纤维的尺寸可以通过纺丝的通道进行控制，除具有设备简单容易实现等优点外，更重要的是微流纺丝可以获得高度有序的纺丝纤维[149]，这样可以使其更好地作为外敷的载药膜用于伤口治疗，而高度有序的纤维网也留出了大量的空结构使载药膜更具有透气性，防止在外敷过程中造成感染。

本章研究利用微流纺丝技术，以魔芋葡甘聚糖为主要原料，结合聚丙烯酸钠合成了一种微米级的纤维凝胶，并将其作为一种食品凝胶检测器。通过荧光显微镜和电子显微镜观察，微纤维具有高度的连续性和一致性，纤维的宽度在 $100\mu m$ 左右。材料的结构表征结果表明，聚丙烯酸钠的加入使魔芋葡甘聚糖分子脱去了乙酰基，增强了材料的强度和耐热性能。这种微纤维凝胶可以进一步形成有序的纤维阵列或二维网络结构。选用三种胺分子溶液作为研究对象,通过荧光显微镜的观察发现,在 525nm 波长下,不同的胺分子负载的阵列结点具有不同的荧光吸收峰值。因此,这种阵列结构可以作为胺分子识别的微反应器平台,在食品安全检测中具有广泛的应用价值。此外,进一步的研究表明这种凝胶可以作为药物颗粒的载体,本章采用氧氟沙星颗粒作为负载药物,电子显微镜观察显示,药物颗粒均匀地分散在纤维阵列的凝胶中,因此其在伤口敷料领域具有潜在应用价值。本章研究为食品安全与检测领域提供了一种快速高效检测食品成分的新方式,还为以天然生物多糖作为前体合成生物纤维材料提供了创新性的思路。

参 考 文 献

[1] Beebe D J, Moore J S, Bauer J M, et al. Functional hydrogel structures for autonomous flow control inside microfluidic channels[J]. Nature, 2000, 404(6778): 588-590.

[2] Ahmed E M, Aggor F S, Awad A M, et al. An innovative method for preparation of nanometal hydroxide superabsorbent hydrogel[J]. Carbohydrate Polymers, 2013, 91(2): 693-698.

[3] Lin S, Yuk H, Zhang T, et al. Stretchable hydrogel electronics and devices[J]. Advanced Materials, 2016, 28(22): 4497-4505.

[4] Shewan H M, Stokes J R. Review of techniques to manufacture micro-hydrogel particles for the food industry and their applications[J]. Journal of Food Engineering, 2013, 119(4): 781-792.

[5] Zwieniecki M A, Melcher P J, Holbrook N M. Hydrogel control of xylem hydraulic resistance in plants[J]. Science, 2001, 291(5506): 1059-1062.

[6] Jayaramudu T, Raghavendra G M, Varaprasad K, et al. Development of novel biodegradable Au nanocomposite hydrogels based on wheat: for inactivation of bacteria[J]. Carbohydrate Polymers, 2013, 92(2): 2193-2200.

[7] Xing L, Li Z, Zhang Q, et al. Yeast fermentation inspired Ca-alginate hydrogel membrane: lower transparency, hierarchical pore structure and higher hydrophobicity[J]. RSC Advances, 2018, 8(5): 2622-2631.

[8] Zhang G, Chen Y, Deng Y, et al. Dynamic supramolecular hydrogels: regulating hydrogel properties through self-complementary quadruple hydrogen bonds and thermo-switch[J]. ACS Macro Letters, 2017, 6(7): 641-646.

[9] Burdick J A, Murphy W L. Moving from static to dynamic complexity in hydrogel design[J]. Nature Communications, 2012, 3(4): 1269.

[10] Keplinger C, Sun J Y, Foo C C, et al. Stretchable, transparent, ionic conductors[J]. Science, 2013, 341(6149): 984-987.

[11] 孙中琦, 王雅立, 赵菲, 等. 魔芋葡甘聚糖凝胶结构研究进展[J]. 中国食品添加剂, 2014(4): 163-170.

[12] Xia L W, Xie R, Ju X J, et al. Nano-structured smart hydrogels with rapid response and high elasticity[J]. Nature Communications, 2013, 4(7): 2226.

[13] 锁志刚. 介电高弹聚合物理论[J]. 力学进展, 2011, 41(6): 730-750.

[14] Kopeček J, Yang J. Smart self-assembled hybrid hydrogel biomaterials[J]. Angewandte Chemie International Edition, 2012, 51(30): 7396-7417.

[15] Hu Y, Lu C, Guo W, et al. A shape memory acrylamide/DNA hydrogel exhibiting switchable dual pH-responsiveness[J]. Advanced Functional Materials, 2016, 25(44): 6867-6874.

[16] Lu Z X, Fujimura T. Immobilization of yeast cells with ionic hydrogel carriers by adhesion-multiplication[J]. Journal of Agricultural and Food Chemistry, 2000, 48(12):

5929-5932.

[17] Qin X, Zhao F, Feng S. Chemical modification and synthesizing conditions of nanocomposite hydrogels with high mechanical strength crosslinked by hydrophilic reactive microgels[J]. Journal of Applied Polymer Science, 2011, 122(4): 2594-2603.

[18] Morandimgiannetti A A, Silva R C, Junior M O, et al. Conditions for obtaining polyvinyl alcohol/trisodium trimetaphosphate hydrogels as vitreous humor substitute[J]. Journal of Biomedical Materials Research, Part B: Applied Biomaterials, 2016, 104(7): 1386-1395.

[19] Orakdogen N, Okay O. Correlation between crosslinking efficiency and spatial inhomogeneity in poly(acrylamide) hydrogels[J]. Polymer Bulletin, 2006, 57(5): 631-641.

[20] Schulze K D, Hart S M, Marshall S L, et al. Polymer osmotic pressure in hydrogel contact mechanics[J]. Biotribology, 2017,11: 3-7.

[21] Tronci G, Neffe A T, Pierce B F, et al. An entropy-elastic gelatin-based hydrogel system[J]. Journal of Materials Chemistry, 2010, 20(40): 8875-8884.

[22] Ahearne M, Yang Y, El Haj A J, et al. Characterizing the viscoelastic properties of thin hydrogel-based constructs for tissue engineering applications[J]. Journal of the Royal Society Interface, 2005, 2(5): 455-463.

[23] Neto C, Evans D R, Bonaccurso E, et al. Boundary slip in newtonian liquids: a review of experimental studies[J]. Reports on Progress in Physics, 2005, 68(12): 2859-2897.

[24] Mckenn G B, Horkay F. Effect of crosslinks on the thermodynamics of poly(vinyl alcohol) hydrogels[J]. Polymer, 1994, 35(26): 5737-5742.

[25] Lin Y, Qiao Y, Yan Y, et al. Thermo-responsive viscoelastic wormlike micelle to elastic hydrogel transition in dual-component systems[J]. Soft Matter, 2009, 5(16): 3047-3053.

[26] Hockaday L A, Kang K H, Colangelo N W, et al. Rapid 3D printing of anatomically accurate and mechanically heterogeneous aortic valve hydrogel scaffolds[J]. Biofabrication, 2012, 4(3): 035005.

[27] Rochas C, Geissler E. Measurement of dynamic light scattering intensity in gels[J]. Macromolecules, 2014, 47(22): 8012-8017.

[28] Ricka J, Tanaka T. Swelling of ionic gels: quantitative performance of the Donnan theory[J]. Macromolecules, 1984, 17(12): 2916-2921.

[29] Kozlovskaya V, Shamaev A, Sukhishvili S A. Tuning swelling pH and permeability of hydrogel multilayer capsules[J]. Soft Matter, 2008, 4(7): 1499-1507.

[30] Seliktar D. Designing cell-compatible hydrogels for biomedical applications[J]. Science, 2012, 336(6085): 1124-1128.

[31] Larson C, Peele B, Li S, et al. Highly stretchable electroluminescent skin for optical signaling and tactile sensing[J]. Science, 2016, 351(6277): 1071-1074.

[32] Tan H, Guo S, Dinh N D, et al. Heterogeneous multi-compartmental hydrogel particles as synthetic cells for incompatible tandem reactions[J]. Nature Communications, 2017, 8(1): 663.

[33] Barer R. Scanning electron microscopy 1976[J]. Scanning, 2010, 17(3): 175-185.

[34] Khursheed A. Scanning electron microscope[P]: USA, US 7294834 B2. 2007.

[35] Ezumi M, Todokoro H. Scanning electron microscope[P]: USA, EP 0769799 A3. 2004.

[36] Griffiths P R, de Haseth J A. Fourier Transform Infrared Spectrometry[M]. New York, USA:

John Wiley & Sons, Inc., 2007.

[37] Movasaghi Z, Rehman S, Ur Rehman I. Fourier transform infrared (FTIR) spectroscopy of biological tissues[J]. Applied Spectroscopy Reviews, 2008, 43(2): 134-179.

[38] Surewicz W K, Mantsch H H, Chapman D. Determination of protein secondary structure by Fourier transform infrared spectroscopy: a critical assessment[J]. Biochemistry, 1993, 32(2): 389-394.

[39] Hammes G G. Spectroscopy for the Biological Sciences[M]. New York, USA: Wiley-Interscience, 2005.

[40] Lord R C. Introduction to infrared and raman spectroscopy[J]. Journal of the American Chemical Society, 1965, 87(5): 1155-1156.

[41] Ferrari A C, Basko D M. Raman spectroscopy as a versatile tool for studying the properties of graphene[J]. Nature Nanotechnology, 2013, 8(4): 235-246.

[42] Otwinowski Z, Minor W. Processing of X-ray diffraction data collected in oscillation mode[J]. Methods in Enzymology, 1997, 276(97): 307-326.

[43] Cullity B D. Element of X-ray diffraction[J]. American Journal of Physics, 1978, 25(6): 50.

[44] Klug H P, Alexander L E. X-ray Diffraction Procedures: for Polycrystalline and Amorphous Materials[M]. New York, USA: Wiley, 1974.

[45] Harris R K, Lynden-Bell R M. Nuclear Magnetic Resonance Spectroscopy[M]. London: Longman Scientific and Technical, 1986.

[46] Urenjak J, Williams S R, Gadian D G, et al. Proton nuclear magnetic resonance spectroscopy unambiguously identifies different neural cell types[J]. Journal of Neuroscience, 1993, 13(3): 981-989.

[47] Johnson C S. Diffusion ordered nuclear magnetic resonance spectroscopy: principles and applications[J]. Progress in Nuclear Magnetic Resonance Spectroscopy, 1999, 34(3-4): 203-256.

[48] Coats A W, Redfern J P. Thermogravimetric analysis. A review[J]. Analyst, 1963, 88(1053): 906-924.

[49] Donato D I, Lazzara G, Milioto S. Thermogravimetric analysis[J]. Journal of Thermal Analysis and Calorimetry, 2010, 101(3): 1085-1091.

[50] Broido A. A simple, sensitive graphical method of treating thermogravimetric analysis data[J]. Journal of Polymer Science, Part A-2: Polymer Chemistry, 1969, 7: 1761-1773.

[51] Haines L A, Rajagopal K, Ozbas B, et al. Light-activated hydrogel formation via the triggered folding and self-assembly of a designed peptide[J]. Journal of the American Chemical Society, 2005, 127(48): 17025-17029.

[52] Rauh A, Honold T, Karg M. Seeded precipitation polymerization for the synthesis of gold-hydrogel core-shell particles: the role of surface functionalization and seed concentration[J]. Colloid and Polymer Science, 2016, 294(1): 37-47.

[53] Zhang H, Dramou P, He H, et al. Molecularly imprinted stationary phase prepared by reverse micro-emulsion polymerization for selective recognition of gatifloxacin in aqueous media[J]. Journal of Chromatographic Science, 2012, 50(6): 499-508.

[54] Sun Y, Kaplan J A, Shieh A, et al. Self-assembly of a 5-fluorouracil-dipeptide hydrogel[J].

Chemical Communications, 2016, 52(30): 5254-5257.

[55] Tang S, Olsen B D. Controlling topological entanglement in engineered protein hydrogels with a variety of thiol coupling chemistries[J]. Frontiers in Chemistry, 2014, 2: 23.

[56] Xing B, Yu C W, Chow K H, et al. Hydrophobic interaction and hydrogen bonding cooperatively confer a vancomycin hydrogel: a potential candidate for biomaterials[J]. Journal of the American Chemical Society, 2002, 124(50): 14846-14847.

[57] Zhang J, Yang Y, Chen Y, et al. An *in situ* phototriggered-imine-crosslink composite hydrogel for bone defect repair[J]. Journal of Materials Chemistry B, 2016, 4(5): 973-981.

[58] Duan P, Liu M. Design and self-assembly of L-glutamate-based aromatic dendrons as ambidextrous gelators of water and organic solvents[J]. Langmuir, 2009, 25(15): 8706-8713.

[59] Makarević J, Jokić M, Perić B, et al. Bis(amino acid) oxalyl amides as ambidextrous gelators of water and organic solvents: supramolecular gels with temperature dependent assembly/dissolution equilibrium[J]. Chemistry, 2001, 7(15): 3328-3341.

[60] Ward M A, Georgiou T K. Thermoresponsive polymers for biomedical applications[J]. Polymers, 2011, 3(3): 1215-1242.

[61] Gasperini L, Mano J F, Rui L R. Natural polymers for the microencapsulation of cells[J]. Journal of the Royal Society Interface, 2014, 11(100): 20140817.

[62] Laschewsky A, Rekaï E D, Wischerhoff E. Tailoring of stimuli-responsive water soluble acrylamide and methacrylamide polymers[J]. Macromolecular Chemistry and Physics, 2001, 202(2): 276-286.

[63] Lutz J F, Akdemir Ö, Hoth A. Point by point comparison of two thermosensitive polymers exhibiting a similar LCST: is the age of poly(nipam) over?[J]. Journal of the American Chemical Society, 2006, 128(40): 13046-13047.

[64] Zhang S. Fabrication of novel biomaterials through molecular self-assembly[J]. Nature Biotechnology, 2003, 21(10): 1171-1178.

[65] Rich A, Crick F H C. The structure of collagen[J]. Nature, 1955, 176(4489): 915-916.

[66] O'Leary L E R, Fallas J A, Bakota E L, et al. Multi-hierarchical self-assembly of a collagen mimetic peptide from triple helix to nanofibre and hydrogel[J]. Nature Chemistry, 2011, 3(10): 821-828.

[67] Hartgerink J D, Beniash E, Stupp S I. Self-assembly and mineralization of peptide-amphiphile nanofibers[J]. Science, 2001, 294(5547): 1684-1688.

[68] Yang Z, Xu B. Supramolecular hydrogels based on biofunctional nanofibers of self-assembled small molecules[J]. Journal of Materials Chemistry, 2007, 17(23): 2385-2393.

[69] Rowley J A, Madlambayan G, Mooney D J. Alginate hydrogels as synthetic extracellular matrix materials[J]. Biomaterials, 1999, 20(1): 45-53.

[70] Braccini I, Pérez S. Molecular basis of Ca^{2+}-induced gelation in alginates and pectins: the egg-box model revisited[J]. Biomacromolecules, 2001, 2(4): 1089-1096.

[71] Morton S W, Herlihy K P, Shopsowitz K E, et al. Scalable manufacture of built-to-order nanomedicine: spray-assisted layer-by-layer functionalization of print nanoparticles[J]. Advanced Materials, 2013, 25(34): 4707-4713.

[72] Leijten J, Rouwkema J, Zhang Y S, et al. Advancing tissue engineering: a tale of nano-, micro-,

and macroscale integration[J]. Small, 2016, 12(16): 2130-2145.

[73] Bekturov E A, Bimendina L A. Interpolymer complexes[J]. Advances in Polymer Science, 1980, 41(41): 99-147.

[74] Hennink W E, van Nostrum C F. Novel crosslinking methods to design hydrogels[J].Advanced Drug Delivery Reviews, 2012, 64: 223-236.

[75] Deforest C A, Polizzotti B D, Anseth K S. Sequential click reactions for synthesizing and patterning three-dimensional cell microenvironments[J]. Nature Materials, 2009, 8(8): 659-664.

[76] Poon Y F, Zhu Y B, Shen J Y, et al. Cytocompatible hydrogels based on photocrosslinkable methacrylated o-carboxymethylchitosan with tunable charge: synthesis and characterization[J]. Advanced Functional Materials, 2007, 17(13): 2139-2150.

[77] Azagarsamy M A, Anseth K S. Bioorthogonal click chemistry: an indispensable tool to create multifaceted cell culture scaffolds[J]. ACS Macro Letters, 2013, 2(1): 5-9.

[78] Bryning M B, Milkie D E, Islam M F, et al. Carbon nanotube aerogels[J]. Advanced Materials, 2007, 19(5): 661-664.

[79] Bag S, Trikalitis P N, Chupas P J, et al. Porous semiconducting gels and aerogels from chalcogenide clusters[J]. Science, 2007, 317(5837): 490-493.

[80] Kim K H, Oh Y, Islam M F. Graphene coating makes carbon nanotube aerogels superelastic and resistant to fatigue[J]. Nature Nanotechnology, 2012, 7(9): 562-566.

[81] Olsson R T, Azizi Samir M A S, Salazar-Alvarez G, et al. Making flexible magnetic aerogels and stiff magnetic nanopaper using cellulose nanofibrils as templates[J]. Nature Nanotechnology, 2010, 5(8): 584-588.

[82] Zhao Y, Thorkelsson K, Mastroianni A J, et al. Small-molecule-directed nanoparticle assembly towards stimuli-responsive nanocomposites[J]. Nature Materials, 2009, 8(12): 979-985.

[83] Lin Y, Böker A, He J, et al. Self-directed self-assembly of nanoparticle/copolymer mixtures[J]. Nature, 2005, 434(7029): 55-59.

[84] Hu H, Zhao Z, Wan W, et al. Ultralight and highly compressible graphene aerogels[J]. Advanced Materials, 2013, 25(15): 2219-2223.

[85] Kistler S S. Coherent expanded aerogels and jellies[J]. Nature, 1931, 127(3211): 741.

[86] Kistler S S. Coherent expanded-aerogels[J]. The Journal of Physical Chemistry, 1931, 36(1): 52-64.

[87] Dabou X, Samaras P, Sakellaropoulos G P. Modification of activated carbon fiber pore structure by coke deposition[J]. Journal de Physique IV, 2001, 11(11): 279-286.

[88] Wu D, Fu R, Sun Z, et al. Low-density organic and carbon aerogels from the sol-gel polymerization of phenol with formaldehyde[J]. Journal of Non-Crystalline Solids, 2005, 351(10-11): 915-921.

[89] Long J W, Rolison D R, Baker W. Sulfur-functionalized carbon nanoarchitectures as porous, high-surface-area supports for precious metal catalysts[P]: USA, US 7.282. 466. 2007 .

[90] Hoepfner S, Ratke L, Milow B. Synthesis and characterisation of nanofibrillar cellulose aerogels[J]. Cellulose, 2008, 15(1): 121-129.

[91] Haimer E, Wendland M, Schlufter K, et al. Loading of bacterial cellulose aerogels with bioactive compounds by antisolvent precipitation with supercritical carbon dioxide[J]. Macromolecular Symposia, 2010, 294(2): 64-74.

[92] Xu Z, Zhang Y, Li P, et al. Strong, conductive, lightweight, neat graphene aerogel fibers with aligned pores[J]. ACS Nano, 2012, 6(8): 7103-7113.

[93] Qiu L, Liu D, Wang Y, et al. Mechanically robust, electrically conductive and stimuli-responsive binary network hydrogels enabled by superelastic graphene aerogels[J]. Advanced Materials, 2014, 26(20): 3333-3337.

[94] Sun H Y, Xu Z, Gao C. Aerogels: multifunctional, ultra-flyweight, synergistically assembled carbon aerogels [J]. Advanced Materials, 2013, 25(18): 2554-2560.

[95] Si Y, Yu J, Tang X, et al. Ultralight nanofibre-assembled cellular aerogels with superelasticity and multifunctionality[J]. Nature Communications, 2014, 5: 5802.

[96] Aegerter M A, Leventis N, Koebel M M. Aerogels Handbook[M]. New York: Springer, 2011.

[97] Gui X, Wei J, Wang K, et al. Carbon nanotube sponges[J]. Advanced Materials, 2010, 22(5): 617-621.

[98] Zhou Z, Wu X F. High-performance porous electrodes for pseudosupercapacitors based on graphene-beaded carbon nanofibers surface-coated with nanostructured conducting polymers[J]. Journal of Power Sources, 2014, 262(9): 44-49.

[99] Lin B L, Cui S, Liu X Y, et al. Preparation and adsorption property of phenyltriethoxysilane modified SiO_2 aerogel[J]. Journal of Wuhan University of Technology (Materials Science Edition), 2013, 28(5): 916-920.

[100] Li W C, Lu A H, Guo S C. Characterization of the microstructures of organic and carbon aerogels based upon mixed cresol-formaldehyde[J]. Carbon, 2001, 39(13): 1989-1994.

[101] Guo W, Wang J J, Gao W G, et al. Comparison of two different methods of preparing chemical raw materials using blast furnace gas[J]. Advanced Materials Research, 2012, 511: 96-100.

[102] Wang H, Yuan X. New generation material for oil spill cleanup[J]. Environmental Science and Pollution Research International, 2014, 21(2): 1248-1250.

[103] Lin J, Yu L, Tian F, et al. Cellulose nanofibrils aerogels generated from jute fibers[J]. Carbohydrate Polymers, 2014, 109(109): 35-43.

[104] García-González C A, Smirnova I. Use of supercritical fluid technology for the production of tailor-made aerogel particles for delivery systems[J]. Journal of Supercritical Fluids, 2013, 79(7): 152-158.

[105] Qin Y, Ren H, Zhu F, et al. Preparation of POSS-based organic-inorganic hybrid mesoporous materials networks through Schiff base chemistry[J]. European Polymer Journal, 2011, 47(5): 853-860.

[106] Tang J, Du A, Xu W, et al. Fabrication and characterization of composition-gradient CuO/SiO_2, composite aerogel[J]. Journal of Sol-Gel Science and Technology, 2013, 68(1): 102-109.

[107] He Y L, Xie T. Advances of thermal conductivity models of nanoscale silica aerogel insulation material[J]. Applied Thermal Engineering, 2015, 81: 28-50.

[108] Zhu X, Zhou B, Du A, et al. Potential SiO/CRF bilayer perturbation aerogel target for ICF hydrodynamic instability experiment[J]. Fusion Engineering and Design, 2012, 87(2): 92-97.

[109] Pollanen J, Shirer K R, Blinstein S, et al. Globally anisotropic high porosity silica aerogels[J]. Journal of Non-Crystalline Solids, 2008, 354(40-41): 4668-4674.

[110] Lu X, Arduini-Schuster M C, Kuhn J, et al. Thermal conductivity of monolithic organic

aerogels[J]. Science, 1992, 255(5047): 971-972.

[111] Pääkkö M, Vapaavuori J, Silvennoinen R, et al. Long and entangled native cellulose Ⅰ nanofibers allow flexible aerogels and hierarchically porous templates for functionalities[J]. Soft Matter, 2008, 4(12): 2492-2499.

[112] Xu X, Zhou J, Nagaraju D H, et al. Flexible, highly graphitized carbon aerogels based on bacterial cellulose/lignin: catalyst-free synthesis and its application in energy storage devices[J]. Advanced Functional Materials, 2015, 25(21): 3193-3202.

[113] Liu G, Zhou B. Synthesis and characterization improvement of gradient density aerogels for hypervelocity particle capture through co-gelation of binary sols[J]. Journal of Sol-Gel Science and Technology, 2013, 68(1): 9-18.

[114] Bajt S, Sandford S A, Flynn G J, et al. Infrared spectroscopy of wild 2 particle hypervelocity tracks in stardust aerogel: evidence for the presence of volatile organics in cometary dust[J]. Meteoritics & Planetary Science, 2009, 44(4): 471-484.

[115] Ramakrishna S, Bobba C V R, Wu Y. Research and application of carbon nanofiber and nanocomposites via electrospinning technique in energy conversion systems[J]. Current Organic Chemistry, 2013, 17(13): 1411-1423.

[116] Benson D, Na W, Yan L I, et al. Controllable fabrication of spider-web-like structured anaphe panda regenerated silk nanofibers/nets via electrospinning/netting[J]. Journal of Donghua University, 2014, 31(4): 497-502.

[117] Anal A K, Singh H. Recent advances in microencapsulation of probiotics for industrial applications and targeted delivery[J]. Trends in Food Science & Technology, 2007, 18(5): 240-251.

[118] Sohail A, Turner M S, Coombes A, et al. Survivability of probiotics encapsulated in alginate gel microbeads using a novel impinging aerosols method[J]. International Journal of Food Microbiology, 2011, 145(1): 162-168.

[119] Malmo C, Storia A L, Mauriello G. Microencapsulation of *Lactobacillus reuteri* DSM 17938 cells coated in alginate beads with chitosan by spray drying to use as a probiotic cell in a chocolate soufflé[J]. Food and Bioprocess Technology, 2013, 6(3): 795-805.

[120] Weinbreck F, Bodnár I, Marco M L. Can encapsulation lengthen the shelf-life of probiotic bacteria in dry products[J]? International Journal of Food Microbiology, 2010, 136(3): 364-367.

[121] Fritzen-Freire C B, Prudêncio E S, Amboni R D M C, et al. Microencapsulation of bifidobacteria by spray drying in the presence of prebiotics[J]. Food Research International, 2012, 45(1): 306-312.

[122] Nazzaro F, Orlando P, Fratianni F, et al. Isolation of components with antimicrobial property from the donkey milk: a preliminary study[J]. The Open Food Science Journal, 2010, 4: 43-47.

[123] Avila-Reyes S V, Garcia-Suarez F J, Jiménez M T, et al. Protection of *L. rhamnosus* by spray-drying using two prebiotics colloids to enhance the viability[J]. Carbohydrate Polymers, 2014, 102(4): 423-430.

[124] Yonekura L, Sun H, Soukoulis C, et al. Microencapsulation of *Lactobacillus acidophilus* NCIMB 701748 in matrices containing soluble fibre by spray drying: technological

characterization, storage stability and survival after *in vitro* digestion[J]. Journal of Functional Foods, 2014, 6(100): 205-214.

[125] Douglas L C, Sanders M E. Probiotics and prebiotics in dietetics practice[J]. Journal of the American Dietetic Association, 2008, 108(3): 510-521.

[126] Soukoulis C, Behboudi-Jobbehdar S, Yonekura L, et al. Stability of *Lactobacillus rhamnosus* GG in prebiotic edible films[J]. Food Chemistry, 2014, 159(6): 302-308.

[127] Gueimonde M, Sánchez B. Enhancing probiotic stability in industrial processes[J]. Microbial Ecology in Health and Disease, 2012, 23(1): 2-5.

[128] Soukoulis C, Yonekura L, Gan H H, et al. Probiotic edible films as a new strategy for developing functional bakery products: the case of pan bread[J]. Food Hydrocolloids, 2014, 39(100): 231-242.

[129] De V P, Spasojevic M, Faas M M. Treatment of diabetes with encapsulated islets[J]. Therapeutic Applications of Cell Microencapsulation, 2010, 670(670): 38-53.

[130] Prisco A D, Mauriello G. Probiotication of foods: a focus on microencapsulation tool[J]. Trends in Food Science & Technology, 2016, 48(1): 27-39.

[131] Zhao R, Sun J, Torley P, et al. Measurement of particle diameter of *Lactobacillus acidophilus* microcapsule by spray drying and analysis on its microstructure[J]. World Journal of Microbiology & Biotechnology, 2008, 24(8): 1349-1354.

[132] Liu Y, Sun Y, Sun L, et al. *In vitro*, and *in vivo*, study of sodium polyacrylate grafted alginate as microcapsule matrix for live probiotic delivery[J]. Journal of Functional Foods, 2016, 24: 429-437.

[133] Chen S, Cao Y, Ferguson L R, et al. The effect of immobilization of probiotic *Lactobacillus reuteri* DPC16 in sub-100 μm microcapsule on food-borne pathogens[J]. World Journal of Microbiology & Biotechnology, 2012, 28(6): 2447-2452.

[134] 肖宏, 苏小平, 李敏艳. 益生菌双层包埋微囊工艺[P]: 中国, CN 20061031876. 2006.

[135] Chávarri M, Marañón I, Villarán M C. Encapsulation technology to protect probiotic bacteria[J]. Probiotics. 2012: 501-540.

[136] Burgain J, Gaiani C, Linder M, et al. Encapsulation of probiotic living cells: from laboratory scale to industrial applications[J]. Journal of Food Engineering, 2011, 104(4): 467-483.

[137] Tucker P, George W. Microfibers within fibers: a review[J]. Polymer Engineering and Science, 1972, 12(5): 364-377.

[138] Lutolf M P, Hubbell J A. Synthetic biomaterials as instructive extracellular microenvironments for morphogenesis in tissue engineering[J]. Nature Biotechnology, 2005, 23(1): 47-55.

[139] Place E S, Evans N D, Stevens M M. Complexity in biomaterials for tissue engineering[J]. Nature Materials, 2009, 8(6): 457-470.

[140] Li D, Xia Y. Electrospinning of nanofibers: reinventing the wheel[J]. Advanced Materials, 2004, 16(14): 1151-1170.

[141] Bhardwaj N, Kundu S C. Electrospinning: a fascinating fiber fabrication technique[J]. Biotechnology Advances, 2010, 28(3): 325-347.

[142] Doshi J, Reneker D H. Electrospinning process and applications of electrospun fibers[J]. Journal of Electostatics, 1995, 35(2-3): 151-160.

[143] Dzenis Y. Spinning continuous fibers for nanotechnology[J]. Science, 2004, 304(5679): 1917-1919.

[144] Baker S, Sigley J, Helms C C, et al. The mechanical properties of dry, electrospun fibrinogen fibers[J]. Materials Science and Engineering: C, Materials for Biological Applications, 2012, 32(2): 215-221.

[145] Jiang H L, Fang D F, Hsiao B S, et al. Optimization and characterization of dextran membranes prepared by electrospinning[J]. Biomacromolecules, 2004, 5(2): 326-333.

[146] Inozemtseva O A, Salkovskiy Y E, Severyukhina A N, et al. Electrospinning of functional materials for biomedicine and tissue engineering[J]. Russian Chemical Reviews, 2015, 84(3): 251-274.

[147] Shen W, Hsieh Y L. Biocompatible sodium alginate fibers by aqueous processing and physical crosslinking[J]. Carbohydrate Polymers, 2014, 102(1): 893-900.

[148] Lee K Y, Jeong L, Kang Y O, et al. Electrospinning of polysaccharides for regenerative medicine[J]. Advanced Drug Delivery Reviews, 2009, 61(12): 1020-1032.

[149] Mu R J, Ni Y, Wang L, et al. Fabrication of ordered konjac glucomannan microfiber arrays via facile microfluidic spinning method[J]. Materials Letters, 2017, 196: 410-413.

[150] Stijnman A C, Bodnar I, Tromp R H. Electrospinning of food-grade polysaccharides[J]. Food Hydrocolloids, 2011, 25(5): 1393-1398.

[151] Reneker D H, Chun I. Nanometre diameter fibres of polymer, produced by electrospinning[J]. Nanotechnology, 1999, 7(3): 216-223.

[152] Yang L, Fitié C F C, Werf K O V D, et al. Mechanical properties of single electrospun collagen type I fibers[J]. Biomaterials, 2008, 29(8): 955-962.

[153] Jun Y, Kang E, Chae S, et al. Microfluidic spinning of micro- and nano-scale fibers for tissue engineering[J]. Lab on a Chip, 2014, 14(13): 2145-2160.

[154] Kang E, Choi Y Y, Chae S K, et al. Microfluidic spinning of flat alginate fibers with grooves for cell-aligning scaffolds[J]. Advanced Materials, 2012, 24(31): 4271-4277.

[155] Xu L L, Wang C F, Chen S. Microarrays formed by microfluidic spinning as multidimensional microreactors[J]. Angewandte Chemie International Edition, 2014, 53(15): 3988-3992.

[156] Jeong G S, Lee S H. Microfluidic spining of grooved microfiber for guided neuronal cell culture using surface tension mediated grooved round channe[J]. Tissue Engineering and Regenerative Medicine, 2014, 11(4): 291-296.

[157] Jun Y, Kang E, Chae S, et al. Microfluidic spinning of micro- and nano- scale fibers for tissue engineering[J].Lab on a Chip, 2014, 14: 2145-2160.

[158] Ahn S Y, Mun C H, Lee S H. Microfluidic spinning of fibrous alginate carrier having highly enhanced drug loading capability and delayed release profile[J]. RSC Advances, 2015, 5(20): 15172-15181.

[159] Zhao Y H. Microfluidic spinning of cell-laden hydrogel-based hollow fibers[C]. Optoelectronic Global Conference, 2015.

[160] Mun C H, Hwang J Y, Lee S H. Microfluidic spinning of the fibrous alginate scaffolds for modulation of the degradation profile[J]. Tissue Engineering and Regenerative Medicine, 2016, 13(2): 140-148.

[161] Reddy N, Yang Y. Microfluidic Spinning of Alginate Fibers[M]. Berlin: Springer, 2015: 151-154.

[162] Lee B R, Lee K H, Kang E, et al. Microfluidic wet spinning of chitosan-alginate microfibers and encapsulation of HepG2 cells in fibers[J]. Biomicrofluidics, 2011, 5(2): 22208.

[163] Zhang X, Huang C, Zhao Y, et al. Ampicillin-incorporated alginate-chitosan fibers from microfluidic spinning and for vitro release[J]. Journal of Biomaterials Science Polymer Edition, 2017,28(13): 1408-1425.

[164] Li D, Jacobsen M M, Rim N G, et al. Introducing biomimetic shear and ion gradients to microfluidic spinning improves silk fiber strength[J]. Biofabrication, 2017, 9(2): 025025.

[165] Urrios A, Parra-Cabrera C, Bhattacharjee N, et al. 3D-printing of transparent bio-microfluidic devices in PEG-DA[J]. Lab on a Chip, 2016, 16(12): 2287-2294.

[166] Jeong G S, Lee S H. Microfluidic spinning of grooved microfiber for guided neuronal cell culture using surface tension mediated grooved round channel[J]. Tissue Engineering and Regenerative Medicine, 2014, 11(4): 291-296.

[167] Ouyang J, Li Z Q, Zhang J, et al. A rapid and sensitive method for hydroxyl radical detection on a microfluidic chip using an N-doped porous carbon nanofiber modified pencil graphite electrode[J]. Analyst, 2014, 139(13): 3416-3422.

[168] Chang H Y, Fu C Y, Lin C Y, et al. Fabrication of magnetic poly (ethylene glycol) hydrogels blocks using microfluidic system for cell patterning techniques[J]. Nanotech, 2011, 2: 532-534.

[169] Sivashankar S, Lin L H, Dai T S, et al. Culturing of transgenic mice liver tissue slices in three-dimensional microfluidic structures of PEG-DA (poly(ethylene glycol) diacrylate)[J]. Sensors and Actuators B: Chemical, 2013, 176: 1081-1089.

[170] Zhang M, Lin W, Li S, et al. Application and effectiveness evaluation of electrostatic spinning PLGA-silk fibroin-collagen nerve conduits for peripheral nerve regeneration[J]. Journal of Nanoscience and Nanotechnology, 2016, 16(9): 9413-9420.

[171] AI-Abboodi A, Tjeung R, Doran P, et al. Microfluidic chip containing porous gradient for chemotaxis study[C]. Smart Nano-Micro Materials and Devices, 2011, 8204: 82041H.

[172] Park D, Park J, Jang H, et al. Simultaneous microfluidic spinning of multiple strands of submicron fiber for the production of free-standing porous membranes for biological application[J]. Biofabrication, 2017, 9(2): 025026.

[173] Aguado-Ureta S, Rodríguez-Hernández J, Del A C, et al. Immobilization of polyoxometalates on tailored polymeric surfaces[J]. Nanomaterials, 2018, 8(3): 142.

[174] 赵华甫. 魔芋栽培与加工[J]. 贵州教育, 1998, (10): 46-48.

[175] Katsuraya K, Okuyama K, Hatanaka K, et al. Constitution of konjac glucomannan: chemical analysis and ^{13}C NMR spectroscopy[J]. Carbohydrate Polymers, 2003, 53(3): 183-188.

[176] Kato K, Matsuda K. Studies on the chemical structure of konjac glucomannan[J]. Journal of Agriculture and Biological Chemistry, 1969, 33: 1446-1453.

[177] Fan L L, Peng S H, Wen C R, et al. Analysis of influential factors of konjac glucomannan (KGM) molecular structure on its activity[J].Chinese Journal of Structural Chemistry, 2012, 31(4): 605-613.

[178] 孙远明, 吴青, 谌国莲, 等. 魔芋葡甘聚糖的结构、食品学性质及保健功能[J]. 食品与发酵工业, 1999, 25 (5): 47-51.

[179] 符艳, 吴绍艳, 黎钱, 等. 魔芋葡甘聚糖在食品、生物、医学及化工领域的应用[J]. 广州化工, 2013, 41 (19): 19-21.

[180] Zhang YQ, Xie B J, Gan X. Advance in the applications of konjac glucomannan and its derivatives[J]. Carbohydrate Polymers, 2005, 60 (1): 27-31.

[181] 马正智, 彭小明, 董杰, 等. 我国魔芋胶的应用研究进展[J]. 中国食品添加剂, 2008, (S1): 101-107.

[182] 罗学刚. 高纯魔芋葡甘聚糖制备与热塑改性[M]. 北京: 科学出版社, 2012.

[183] 李斌, 谢笔钧. 魔芋葡甘聚糖凝胶机理研究[J]. 中国农业科学, 2002, 35 (11): 1411-1415.

[184] Rubinstein M, Leibler L, Bastide J. Giant fluctuations of crosslink positions in gels[J]. Physical Review Letters, 1992, 68 (3): 405-407.

[185] Winter H H, Chambon F. Analysis of linear viscoelasticity of a crosslinking polymer at the gel point[J]. Journal of Rheology, 1986, 30 (2): 367-382.

[186] 庞杰, 林琼, 张甫生, 等. 魔芋葡甘聚糖功能材料研究与应用进展[J]. 结构化学, 2003 (6): 633-642.

[187] Ni Y S, Mu R J, Tan X D, et al. Stability of the konjac glucomannan topological chain based on quantum spin model[J]. Chinese Journal of Structural Chemistry, 2017, 36 (6): 1043-1048.

[188] Nishinari K, Williams P A, Phillips G O. Review of the physico-chemical characteristics and properties of konjac mannan[J]. Food Hydrocolloids, 1992, 6 (2): 199-222.

[189] Jian W, Siu K C, Wu J Y. Effects of pH and temperature on colloidal properties and molecular characteristics of Konjac glucomannan[J]. Carbohydrate Polymers, 2015, 134: 285-292.

[190] Jin W, Xu W, Ge H, et al. Coupling process of phase separation and gelation in konjac glucomannan and gelatin system[J]. Food Hydrocolloids, 2015, 51: 188-192.

[191] Mu R J, Yuan Y, Wang L, et al. Microencapsulation of *Lactobacillus acidophilus*, with konjac glucomannan hydrogel[J]. Food Hydrocolloids, 2018, 76: 42-48.

[192] Onishi N, Kawamoto S, Nishimura M, et al. A new immunomodulatory function of low-viscous konjac glucomannan with a small particle size: its oral intake suppresses spontaneously occurring dermatitis in NC/Nga mice[J]. International Archives of Allergy and Immunology, 2005, 136 (3): 258-265.

[193] Kishida N, Okimasu S, Kamata T. Molecular weight and intrinsic viscosity of konjac gluco-mannan[J]. Journal of the Agricultural Chemical Society of Japan, 1978, 42 (9): 1645-1650.

[194] Pang J, Sun Y J, Zhuang Y, et al. Dynamics study of the influence of temperature on konjac glucomannan saline solution's viscosity[J]. Chinese Journal of Structural Chemistry, 2008, 27 (4): 394-398.

[195] Akesowan A. Viscosity and gel formation of a konjac flour from amorphophallus oncophyllus[J]. A U Journal of Technology, 2002, 5 (3): 139-146.

[196] Teramoto A, Fuchigami M. Changes in temperature, texture, and structure of Konnyaku (Konjac Glucomannan gel) during high-pressure freezing[J]. Journal of Food Science, 2010, 65 (3): 491-497.

[197] Case S E, Hamann D D. Fracture properties of konjac mannan gel: effect of gel temperature[J]. Food Hydrocolloids, 1994, 8 (2): 147-154.

[198] Liu C, Chen Y, Chen J. Synthesis and characteristics of pH-sensitive semi-interpenetrating polymer network hydrogels based on konjac glucomannan and poly (aspartic acid) for *in vitro* drug delivery[J]. Carbohydrate Polymers, 2010, 79 (3): 500-506.

[199] Cheney P A, Stares J, Vernon A J. Food product thickened or gelled with carrageenan and glucomannan[P]: USA, US 4427704. 1984-1-24.

[200] Liu L, Wen H, Rao Z, et al. Preparation and characterization of chitosan-collagen peptide/oxidized konjac glucomannan hydrogel[J]. International Journal of Biological Macromolecules, 2018, 108: 376-382.

[201] Gao S, Guo J, Nishinari K. Thermoreversible konjac glucomannan gel crosslinked by borax[J]. Carbohydrate Polymers, 2008, 72 (2): 315-325.

[202] Xiao C, Gao S, Wang H, et al. Blend films from chitosan and konjac glucomannan solutions[J]. Journal of Applied Polymer Science, 2000. 76 (4): 509-515.

[203] Rhim J W, Wang L F. Mechanical and water barrier properties of agar/κ-carrageenan/konjac glucomannan ternary blend biohydrogel films[J]. Carbohydrate Polymers, 2013, 96 (1): 71-81.

[204] Huang Y C, Yang C Y, Chu H W, et al. Effect of alkali on konjac glucomannan film and its application on wound healing[J]. Cellulose, 2015, 22 (1): 737-747.

[205] Jin W, Song R, Xu W, et al. Analysis of deacetylated konjac glucomannan and xanthan gum phase separation by film forming[J]. Food Hydrocolloids, 2015, 48: 320-326.

[206] Xiao M, Wan L, Corke H, et al. Characterization of konjac glucomannan-ethyl cellulose film formation via microscopy[J]. International Journal of Biological Macromolecules, 2016, 85: 434-441.

[207] Dvorska J E, Surai P F, Speake B K, et al. Protective effect of modified glucomannans against aurofusarin-induced changes in quail egg and embryo[J]. Comparative Biochemistry and Physiology Part C: Toxicology & Pharmacology, 2003, 135 (3): 337-343.

[208] Hartman J, Albertsson A C, Sjöberg J. Surface- and bulk-modified galactoglucomannan hemicellulose films and film laminates for versatile oxygen barriers[J]. Biomacromolecules, 2006, 7 (6): 1983-1989.

[209] Huang M, Kennedy J F, Li B, et al. Characters of rice starch gel modified by gellan, carrageenan, and glucomannan: a texture profile analysis study[J]. Carbohydrate Polymers, 2007, 69 (3): 411-418.

[210] Penroj P, Mitchell J R, Hill S E, et al. Effect of konjac glucomannan deacetylation on the properties of gels formed from mixtures of kappa carrageenan and konjac glucomannan[J]. Carbohydrate Polymers, 2005, 59 (3): 367-376.

[211] Gao S, Nishinari K. Effect of deacetylation rate on gelation kinetics of konjac glucomannan[J]. Colloids and Surfaces B: Biointerfaces, 2004, 38 (3-4): 241-249.

[212] Chen J, Li J, Li B. Identification of molecular driving forces involved in the gelation of konjac glucomannan: effect of degree of deacetylation on hydrophobic association[J]. Carbohydrate Polymers, 2011, 86 (2): 865-871.

[213] Mao C F, Chen C H. A kinetic model of the gelation of konjac glucomannan induced by deacetylation[J]. Carbohydrate Polymers, 2017, 165: 368-375.

[214] Pan Z, He K, Wang Y. Deacetylation of konjac glucomannan by mechanochemical treatment[J].

Journal of Applied Polymer Science, 2008, 108(3): 1566-1573.

[215] Tenkanen M, Puls J, Rättö M, et al. Enzymatic deacetylation of galactoglucomannans[J]. Applied Microbiology and Biotechnology, 1993, 39(2): 159-165.

[216] 胡敏, 胡慰望, 谢笔钧. 魔芋葡甘聚糖磷酸脂化反应的研究[J]. 天然产物研究与开发, 1990, 2: 8-14.

[217] 张佳琪, 姚开, 贾冬英. 没食子酸对魔芋葡甘露聚糖的酯化改性研究[J]. 天然产物研究与开发, 2009, 21: 283-286.

[218] 李坚斌, 陈小云, 张帆, 等. 葡甘露聚糖微波法磷酸酯化改性研究[J]. 食品科学, 2015, 36(8): 19-23.

[219] 吴绍艳, 张升晖, 吴亮. 魔芋葡甘聚糖酯化交联改性研究[J]. 食品研究与开发, 2005, 26(3): 116-118.

[220] Han B C, Zhang C, Yao X, et al. Study of konjac glucomannan esterification with dicarboxylic anhydride and effect of degree of esterification on water absorbency[J]. Key Engineering Materials, 2012, 501: 42-46.

[221] Long X Y, Pan J X, Yao L Q. Lipase-catalyzed esterification of konjac glucomannan in isooctane[J]. Environmental Progress & Sustainable Energy, 2016, 35(4): 1149-1155.

[222] 张帆, 李坚斌, 陆登俊, 等. 葡甘露聚糖湿法磷酸酯化改性研究[J]. 食品科技, 2014, 39(11): 270-273.

[223] 朱文均. 魔芋葡甘露聚糖的化学改性及其应用性能的研究[J]. 苏州大学学报: 自然科学版, 1991, 15(1): 81-86.

[224] 游海, 林波, 李岂凡. 利用植物魔芋研制高分子絮凝剂[J]. 南昌大学学报(工科版), 1994, 16(4): 43-47.

[225] 王丽霞, 庞杰, 陆蒸. 魔芋葡甘聚糖醚化研究[J]. 江西农业大学学报, 2003, 25(4): 632-634.

[226] 陈国锋, 汪超, 詹小卉, 等. 魔芋葡甘聚糖醚化改性产物的流变学研究[J]. 食品工业科技, 2006, 27(7): 78-79, 82.

[227] 兰晶, 倪学文, 张艳, 等. 乙基魔芋葡聚糖疏水膜制备及结构研究[J]. 武汉理工大学学报, 2009, 31(23): 39-43.

[228] Wang C, Zhu Y P, Xu M, et al. An improvement of the preparation method of carboxymethyl konjac glucomannan[J]. Applied Mechanics and Materials, 2011, 52-54(3): 1340-1343.

[229] 杨兴钰, 张香才, 郭能, 等. 魔芋葡甘聚糖的化学修饰及应用研究[J]. 湖北化工, 2001, (4): 20-21.

[230] 庞杰, 肖丽霞, 王丽霞, 等. 羧甲基及羟乙基葡甘聚糖及其性能的研究[J] 林产化学与工业, 2003, 23(4): 63-65.

[231] 孙远明. 无臭速溶高粘度魔芋粉[J]. 技术与市场, 1999, (2): 25-26.

[232] Wu J, Deng X, Lin X. Swelling characteristics of konjac glucomannan superabsobent synthesized by radiation-induced graft copolymerization[J]. Radiation Physics and Chemistry, 2013, 83(2): 90-97.

[233] Liu C, Dai X, Chen J, et al. Graft copolymerization of 4-vinyl pyridine onto konjac glucomannan initiated by ammonium persulfate[J]. Journal of Applied Polymer Science, 2009, 113(4): 2339-2345.

[234] 董艳, 卢敏晖. 基于增粘抗温的魔芋粉-丙烯酰胺接枝共聚改性研究[J]. 安徽农业科学, 2008, 36(15): 6154-6156, 6160.

[235] 张克举, 王乐明, 李小红, 等. 魔芋粉接枝共聚反应的研究进展[J]. 胶体与聚合物, 2006, 24(4), 39-40.

[236] Tian D T, Li S R, Liu X P, et al. Preparation of superabsorbent based on the graft copolymerization of acrylic acid and acrylamide onto konjac glucomannan and its application in the water retention in soils[J]. Journal of Applied Polymer Science, 2012, 125(4): 2748-2754.

[237] 田大昕, 米远祝, 王辉, 等. 用焦磷酸络锰(Ⅲ)引发丙烯酰胺接枝魔芋粉合成增稠剂[J]. 高分子材料科学与工程, 2002, 18(15): 167-170.

[238] Rozvany G I N. A critical review of established methods of structural topology optimization[J]. Structural and Multidisciplinary Optimization, 2009, 37(3): 217-237.

[239] Eschenauer H A, Olhoff N. Topology optimization of continuum structures: a review[J]. Applied Mechanics Reviews, 2001, 54(4): 331-390.

[240] Hassani B, Hinton E. A review of homogenization and topology optimization homogenization theory for media with periodic structure[J]. Computers & Structures, 1998, 69(6): 707-717.

[241] Montagnat J, Delingette H, Ayache N. A review of deformable surfaces: topology, geometry and deformation[J]. Image and Vision Computing, 2001, 19(14): 1023-1040.

[242] Duplantier B. Statistical mechanics of polymer networks of any topology[J]. Journal of Statistical Physics, 1989, 54(3-4): 581-680.

[243] Yan H, Zhang X, Shen Z, et al. A robust DNA mechanical device controlled by hybridization topology[J]. Nature, 2002, 415(6867): 62-65.

[244] Michels J P J, Wiegel F W. On the topology of a polymer ring[J]. Proceedings of the Royal Society of London, 1986, 403(1825): 269-284.

[245] Crippen G M. Topology of globular proteins[J]. Journal of Theoretical Biology, 1974, 45(2): 327-338.

[246] Crippen G M. Chemical distance geometry: current realization and future projection[J]. Journal of Mathematical Chemistry, 1991, 6(1): 307-324.

[247] Edwards S F. Statistical mechanics with topological constraints: I [J]. Proceedings of the Physical Society, 1967, 91(3): 513-519.

[248] Frank-Kamenetskii M. DNA Topology[J]. Journal of Molecular Structure Theochem, 1995, 336(336): 235-243.

[249] Coasne B, Pellenq R J M. A grand canonical Monte Carlo study of capillary condensation in mesoporous media: effect of the pore morphology and topology[J]. The Journal of Chemical Physics, 2004, 121(8): 3767-3774.

[250] Ortiz A R, Kolinski A, Skolnick J. Nativelike topology assembly of small proteins using predicted restraints in Monte Carlo folding simulations[J]. Proceedings of the National Academy of Sciences of the United States of America, 1998, 95(3): 1020-1025.

[251] Guan Z, Cotts P M, Mccord E F, et al. Chain walking: a new strategy to control polymer topology[J]. Science, 1999, 283(5410): 2059-2062.

[252] Jadach S, Kühn J H, Was Z. TAUOLA-a library of Monte Carlo programs to simulate decays

of polarized τ leptons[J]. Computer Physics Communications, 1991, 64(2): 275-299.

[253] Wang H, Liu G Q. Study on grain topology with potts model Monte Carlo simulation[J]. Advanced Materials Research, 2014, 926-930: 1538-1541.

[254] Shaffer J S. Effects of chain topology on polymer dynamics: bulk melts[J]. Journal of Chemical Physics, 1994, 101(5): 4205-4213.

[255] Derreumaux P. Insight into protein topology from Monte Carlo simulations[J]. Journal of Chemical Physics, 2002, 117(7): 3499-3503.

[256] Kühn C, Wierling C, Kühn A, et al. Monte Carlo analysis of an ODE model of the sea urchin endomesoderm network[J]. BMC Systems Biology, 2009, 3(1): 1-18.

[257] Gompper G, Kroll D M. Membranes with fluctuating topology: Monte Carlo simulations[J]. Physical Review Letters, 1998, 81(11): 2284-2287.

[258] Li J, Wang B H, Wang W X, et al. Network entropy based on topology configuration and its computation to random networks[J]. Chinese Physics Letters, 2008, 25(11): 4177-4180.

[259] Müller M, Wittmer J P, Cates M E. Topological effects in ring polymers: a computer simulation study[J]. Physical Review E, 1996, 53(5): 5063.

[260] Mittemeijer E J. Fundamentals of Materials Science: the Microstructure-Property Relationship Using Metals as Model Systems[M]. Berlin: Springer, 2011.

[261] Capper P. Bulk Crystal Growth of Electronic, Optical and Optoelectronic Materials [M]. New York, USA: John Wiley & Sons, 2005.

[262] Kawai S, Benassi A, Gnecco E, et al. Superlubricity of graphene nanoribbons on gold surfaces[J]. Science, 2016, 351(6276): 957-961.

[263] Flory P J. Theory of elasticity of polymer networks. The effect of local constraints on junctions[J]. Journal of Chemical Physics, 1977, 66(12): 5720-5729.

[264] Davis R L. Texture: a cosmological topological defect[J]. Physical Review D: Particles and Fields, 1987, 35(12): 3705-3708.

[265] Pyka K, Keller J, Partner H L, et al. Topological defect formation and spontaneous symmetry breaking in ion Coulomb crystals[J]. Nature Communications, 2013, 4(4): 2291.

[266] Libanov M V, Troitsky S V. Three fermionic generations on a topological defect in extra dimensions[J]. Nuclear Physics B, 2001, 599(1): 319-333.

[267] Carbone G, Lombardo G, Barberi R, et al. Mechanically induced biaxial transition in a nanoconfined nematic liquid crystal with a topological defect[J]. Physical Review Letters, 2009, 103(16): 167801.

[268] Dolganov P V, Kats E I, Cluzeau P. Stepwise transition of a topological defect from the smectic film to the boundary of a dipolar inclusion[J]. Physical Review E, 2010, 81(1): 031709.

[269] Hindmarsh M. Semilocal topological defects[J]. Nuclear Physics B, 1993, 392(2): 461-489.

[270] Müllen K. Molecular defects in organic materials[J]. Nature Reviews Materials, 2016, 1(2): 15013.

[271] Peppas N, Hilt J, Khademhosseini A, et al. Hydrogels in biology and medicine: from molecular principles to bionanotechnology[J]. Advanced Materials, 2006, 18(11): 1345-1360.

[272] Haraguchi K, Takehisa T. Nanocomposite hydrogels: a unique organic-inorganic network structure with extraordinary mechanical, optical, and swelling/de-swelling properties[J].

Advanced Materials, 2002, 14(16): 1120-1124.

[273] Hoare T R, Kohane D S. Hydrogels in drug delivery: progress and challenges [J]. Polymer, 2008, 49(8): 1993-2007.

[274] Lee K Y, Mooney D J. Hydrogels for tissue engineering[J]. Chemical Reviews, 2001, 101(7): 1869-1879.

[275] Vlierberghe S V, Dubruel P, Schacht E. Biopolymer-based hydrogels as scaffolds for tissue engineering applications: a review[J]. Biomacromolecules, 2011, 12(5): 1387-1408.

[276] Klemm D, Heublein B, Fink H P, et al. Cellulose: fascinating biopolymer and sustainable raw material[J]. Angewandte Chemie International Edition, 2005, 44(22): 3358-3393.

[277] Miller D R, Macosko C W. A new derivation of post gel properties of network polymers[J]. Macromolecules, 1976, 9(2): 206-211.

[278] Macosko C W, Miller D R. A new derivation of average molecular weights of nonlinear polymers[J]. Macromolecules, 1976, 9(2): 199-206.

[279] Rubinstein M, Panyukov S. Nonaffine deformation and elasticity of polymer networks[J]. Macromolecules, 1997, 30(25): 8036-8044.

[280] Akagi Y, Gong J P, Chung U, et al. Transition between phantom and affine network model observed in polymer gels with controlled network structure[J]. Macromolecules, 2013, 46(3): 1035-1040.

[281] Akagi Y, Matsunaga T, Shibayama M, et al. Evaluation of topological defects in Tetra-PEG gels[J]. Macromolecules, 2010, 43(1): 488-493.

[282] Patel S K, Malone S, Cohen C, et al. Elastic modulus and equilibrium swelling of poly(dimethylsiloxane) networks[J]. Macromolecules, 1992, 25(20): 5241-5251.

[283] Hild G. Model networks based on "endlinking" processes: synthesis, structure and properties[J]. Progress in Polymer Science, 1998, 23(6): 1019-1149.

[284] Tezuka Y, Oike H. Topological polymer chemistry[J]. Progress in Polymer Science, 2002, 27(6): 1069-1122.

[285] Jia Z, Monteiro M J. Cyclic polymers: methods and strategies[J]. Journal of Polymer Science Part A: Polymer Chemistry, 2012, 50(11): 2085-2097.

[286] Allgaier J. Synthesis of branched polymers[J]. Bulletin of the Chemical Society of Japan, 2006, 36(2): 1050-1051.

[287] Naschie M S E. Branching polymers, knot theory and Cantorian spacetime[J]. Chaos Solitons & Fractals, 2000, 11(1-3): 453-463.

[288] Huang H Y, Lin K W. Influence of pH and added gums on the properties of konjac flour gels[J]. International Journal of Food Science & Technology, 2004, 39(10): 1009-1016.

[289] 王晓珊, 吴先辉, 庞杰, 等. 刺云实胶对魔芋葡甘聚糖分子链拓扑缠结的分析[J]. 热带生物学报, 2017, 8(3): 335-340.

[290] Pang J, Zhen M A, Shen B S, et al. Hydrogen bond networks' QSAR and topological analysis of konjac glucomannan chains[J]. Chinese Journal of Structure Chemistry, 2014, 33(3): 480-489.

[291] Zhang H, Yoshimura M, Nishinari K, et al. Gelation behaviour of konjac glucomannan with different molecular weights[J]. Biopolymers, 2015, 59(1): 38-50.

[292] 黎朝, 於麟, 郑震, 等. 具有规整结构和高强度的水凝胶的功能化[J]. 化学进展, 2017, (7): 706-719.

[293] Sakai T, Akagi Y, Matsunaga T, et al. Highly elastic and deformable hydrogel formed from tetra-arm polymers[J]. Macromolecular Rapid Communications, 2010, 31(22): 1954-1959.

[294] Matsunaga T, Sakai T, Akagi Y, et al. SANS and SLS studies on tetra-arm peg gels in as-prepared and swollen states[J]. Macromolecules, 2009, 42(16): 6245-6252.

[295] Roy S G, Kumar A, De P. Amino acid containing cross-linked co-polymer gels: pH, thermo and salt responsiveness[J]. Polymer, 2016, 85: 1-9.

[296] Jiang H, Wang Z, Geng H, et al. Highly flexible and self-healable thermal interface material based on boron nitride nanosheets and a dual cross-linked hydrogel[J]. ACS Applied Materials & Interfaces, 2017, 9(11): 10078-10084.

[297] Chen J, Ao Y, Lin T, et al. High-toughness polyacrylamide gel containing hydrophobic crosslinking and its double network gel[J]. Polymer, 2016, 87: 73-80.

[298] Nonoyama T, Wada S, Kiyama R, et al. Double-network hydrogels strongly bondable to bones by spontaneous osteogenesis penetration[J]. Advanced Materials, 2016, 28(31): 6740-6745.

[299] Yang Y, Wang X, Yang F, et al. A universal soaking strategy to convert composite hydrogels into extremely tough and rapidly recoverable double-network hydrogels[J]. Advanced Materials, 2016, 28(33): 7178-7184.

[300] Duffy C, Venturato A, Callanan A, et al. Arrays of 3D double-network hydrogels for the high-throughput discovery of materials with enhanced physical and biological properties[J]. Acta Biomaterialia, 2016, 34: 104-112.

[301] Peralta Videa J R, Lopez M L, Narayan M, et al. The biochemistry of environmental heavy metal uptake by plants: implications for the food chain[J]. The International Journal of Biochemistry & Cell Biology, 2009, 41(8): 1665-1677.

[302] Bayat B, Sari B. Comparative evaluation of microbial and chemical leaching processes for heavy metal removal from dewatered metal plating sludge[J]. Journal of Hazardous Materials, 2010, 174(1): 763-769.

[303] Sancey B, Trunfio G, Charles J, et al. Heavy metal removal from industrial effluents by sorption on cross-linked starch: chemical study and impact on water toxicity[J]. Journal of Environmental Management, 2011, 92(3): 765-772.

[304] Charerntanyarak L. Heavy metals removal by chemical coagulation and precipitation[J]. Water Science & Technology, 1999, 39(10-11): 135-138.

[305] Lee B G, Lee H J, Shin D Y. Effect of physical and chemical change of lignocellulosic fiber on heavy metal ion removal[J]. Materials Science Forum, 2006, 510-511: 714-717.

[306] Sayari A, Hamoudi S, Yang Y. Applications of pore-expanded mesoporous silica. 1. Removal of heavy metal cations and organic pollutants from wastewater[J]. Chemistry of Materials, 2005, 17(1): 212-216.

[307] Abdel-Halim E S, Al-Deyab S S. Removal of heavy metals from their aqueous solutions through adsorption onto natural polymers[J]. Carbohydrate Polymers, 2011, 84(1): 454-458.

[308] Davis M E. Ordered porous materials for emerging applications[J]. Nature, 2002, 417(6891): 813-821.

[309] Lu A H, Schüth F. Nanocasting: a versatile strategy for creating nanostructured porous materials[J]. Advanced Materials, 2006, 18(14): 1793-1805.

[310] Wang J P, Jiang K L, Li Q Q, et al. Nano-materials[P]: USA, US20100285300. 2010.

[311] Li S, Cheng C, Thomas A. Carbon-based microbial-fuel-cell electrodes: from conductive supports to active catalysts[J]. Advanced Materials, 2017, 29(8): 1602547.

[312] Shchukin D G, Sukhorukov G B. Nanoparticle synthesis in engineered organic nanoscale reactors[J]. Advanced Materials, 2004, 16(8): 671-682.

[313] Zhou Z F, Sun T W, Chen F, et al. Calcium phosphate-phosphorylated adenosine hybrid microspheres for anti-osteosarcoma drug delivery and osteogenic differentiation[J]. Biomaterials, 2016, 121: 1-14.

[314] Wang Y, Huang L, Tang J, et al. Melt spinning fibers of isotactic polyproplene doped with long-lifetime luminescent inorganic-organic SiO_2-Eu^{3+}, hybrid nanoparticles[J]. Materials Letters, 2017, 204: 31-34.

[315] Yuan B, Ding S, Wang D, et al. Heat insulation properties of silica aerogel/glass fiber composites fabricated by press forming[J]. Materials Letters, 2012, 75(1): 204-206.

[316] Vecchione R, Luciani G, Calcagno V, et al. Multilayered silica-biopolymer nanocapsules with a hydrophobic core and a hydrophilic tunable shell thickness[J]. Nanoscale, 2016, 8(16): 8798-8809.

[317] Zhao S, Malfait W J, Demilecamps A, et al. Strong, thermally superinsulating biopolymer-silica aerogel hybrids by cogelation of silicic acid with pectin[J]. Angewandte Chemie International Edition, 2015, 54(48): 14282-14286.

[318] Singh R K, Jin G Z, Mahapatra C, et al. Mesoporous silica-layered biopolymer hybrid nanofibrous scaffold: a novel nanobiomatrix platform for therapeutics delivery and bone regeneration[J]. ACS Applied Materials & Interfaces, 2015, 7(15): 8088-8098.

[319] Morgan J L W, Mcnamara J T, Fischer M, et al. Observing cellulose biosynthesis and membrane translocation in crystallo[J]. Nature, 2016, 531(7594): 329-334.

[320] Wysokowski M, Behm T, Born R, et al. Preparation of chitin-silica composites by *in vitro* silicification of two-dimensional *Ianthella basta* demosponge chitinous scaffolds under modified Stöber conditions[J].Materials Science and Engineering C, 2013, 33(7): 3935-3941.

[321] Tiwari A, Mishra A P, Dhakate S R, et al. Synthesis of electrically active biopolymer-SiO_2, nanocomposite aerogel[J]. Materials Letters, 2007, 61(23-24): 4587-4590.

[322] Mahony O, Tsigkou O, Ionescu C, et al. Hybrid materials: silica-gelatin hybrids with tailorable degradation and mechanical properties for tissue regeneration[J]. Advanced Functional Materials, 2010, 20(22): 3808.

[323] Goes E S D R, Souza M L R D, Michka J M G, et al. Fresh pasta enrichment with protein concentrate of tilapia: nutritional and sensory characteristics[J]. Food Science and Technology, 2016, 36(1): 76-82.

[324] Hochberg M, Baehrjones T, Wang G, et al. Terahertz all-optical modulation in a silicon-polymer hybrid system[J]. Nature Materials, 2006, 5(9): 703.

[325] Fan Z, Yan J, Wei T, et al. Asymmetric supercapacitors based on graphene/MnO_2 and activated carbon nanofiber electrodes with high power and energy density[J]. Advanced Functional

Materials, 2011, 21(12): 2366-2375.

[326] Augustin M A, Riley M, Stockmann R, et al. Role of food processing in food and nutrition security[J]. Trends in Food Science & Technology, 2016, 56: 115-125.

[327] 吴其叶, 韦跃宇. 新型冷杀菌技术在食品加工中的应用[J]. 轻工机械, 2006, 24(2): 141-143.

[328] Moragues-Faus A M, Sonnino R. Embedding quality in the agro-food system: the dynamics and implications of place-making strategies in the olive oil sector of alto palancia, spain[J]. Sociologia Ruralis, 2012, 52(2): 215-234.

[329] Murano E. Use of natural polysaccharides in the microencapsulation techniques[J]. Journal of Applied Ichthyology, 1998, 14(3-4): 245-249.

[330] Johnson B, Selle K, O'Flaherty S, et al. Identification of extracellular surface-layer associated proteins in *Lactobacillus acidophilus* NCFM[J]. Microbiology, 2013, 159(11): 2269-2282.

[331] Hymes J P, Johnson B R, Rodolphe B, et al. Functional analysis of an S-layer-associated fibronectin-binding protein in *Lactobacillus acidophilus* NCFM[J]. Applied and Environmental Microbiology, 2016, 82(9): 2676-2685.

[332] Ouwehand A C, ten Bruggencate S J, Schonewille A J, et al. *Lactobacillus acidophilus* supplementation in human subjects and their resistance to enterotoxigenic *Escherichia coli* infection[J]. British Journal of Nutrition, 2014, 111(3): 465-473.

[333] Arora T, Anastasovska J, Gibson G, et al. Effect of *Lactobacillus acidophilus* NCDC 13 supplementation on the progression of obesity in diet-induced obese mice[J]. British Journal of Nutrition, 2012, 108(8): 1382-1389.

[334] Sohail A, Turner M S, Coombes A, et al. The viability of *Lactobacillus rhamnosus* GG and *Lactobacillus acidophilus*, NCFM following double encapsulation in alginate and maltodextrin[J]. Food and Bioprocess Technology, 2013, 6(10): 2763-2769.

[335] Andreasen A S, Larsen N, Pedersenskovsgaard T, et al. Effects of *Lactobacillus acidophilus* NCFM on insulin sensitivity and the systemic inflammatory response in human subjects[J]. British Journal of Nutrition, 2010, 104(12): 1831-1838.

[336] Zhao M, Qu F, Cai S, et al. Microencapsulation of *Lactobacillus acidophilus*, CGMCC1.2686: correlation between bacteria survivability and physical properties of microcapsules[J]. Food Biophysics, 2015, 10(3): 292-299.

[337] Cai S, Zhao M, Fang Y, et al. Microencapsulation of *Lactobacillus acidophilus* CGMCC1.2686 via emulsification/internal gelation of alginate using Ca-EDTA and $CaCO_3$ as calcium sources[J]. Food Hydrocolloids, 2014, 39(8): 295-300.

[338] Gebara C, Chaves K S, Ribeiro M C E, et al. Viability of *Lactobacillus acidophilus* La5 in pectin-whey protein microparticles during exposure to simulated gastrointestinal conditions[J]. Food Research International, 2013, 51(2): 872-878.

[339] Alu'datt M H, Rababah T, Obaidat M M, et al. Probiotics in milk as functional food: characterization and nutraceutical properties of extracted phenolics and peptides from fermented skimmed milk inoculated with royal jelly[J]. Journal of Food Safety, 2015, 35(4): 509-522.

[340] Mao L, Miao S. Structuring food emulsions to improve nutrient delivery during digestion[J].

Food Engineering Reviews, 2015, 7(4): 439-451.

[341] Bekhit M, Sánchez-González L, Messaoud G B, et al. Encapsulation of *Lactococcus lactis* subsp. lactis on alginate/pectin composite microbeads: effect of matrix composition on bacterial survival and nisin release[J]. Journal of Food Engineering, 2016, 180: 1-9.

[342] Rutz J K, Borges C D, Zambiazi R C, et al. Elaboration of microparticles of carotenoids from natural and synthetic sources for applications in food[J]. Food Chemistry, 2016, 202: 324-333.

[343] Ifeduba E A, Akoh C C. Microencapsulation of stearidonic acid soybean oil in Maillard reaction-modified complex coacervates[J]. Food Chemistry, 2016, 199: 524-532.

[344] Koupantsis T, Pavlidou E, Paraskevopoulou A. Glycerol and tannic acid as applied in the preparation of milk proteins-CMC complex coavervates for flavour encapsulation[J]. Food Hydrocolloids, 2016, 57: 62-71.

[345] Benavides S, Cortés P, Parada J, et al. Development of alginate microspheres containing thyme essential oil using ionic gelation[J]. Food Chemistry, 2016, 204: 77-83.

[346] Cheow W S, Kiew T Y, Hadinoto K. Effects of adding resistant and waxy starches on cell density and survival of encapsulated biofilm of *Lactobacillus rhamnosus* GG, probiotics[J]. LWT - Food Science and Technology, 2016, 69: 497-505.

[347] 赵萌, 蔡沙, 屈方宁, 等. 海藻酸钠-魔芋葡甘聚糖微胶囊对嗜酸乳杆菌 CGMCC1. 2686 保护研究[J]. 现代食品科技, 2015, 31(2): 70-75, 105.

[348] Adamiec J, Borompichaichartkul C, Srzednicki G, et al. Microencapsulation of kaffir lime oil and its functional properties[J]. Drying Technology, 2012, 30(9): 914-920.

[349] Laine P, Lampi A M, Peura M, et al. Comparison of microencapsulation properties of spruce galactoglucomannans and arabic gum using a model hydrophobic core compound[J]. Journal of Agricultural and Food Chemistry, 2010, 58(2): 981-989.

[350] Mu R J, Yuan Y, Wang L, et al. Microencapsulation of *Lactobacillus acidophilus*, with konjac glucomannan hydrogel[J]. Food Hydrocolloids, 2018. 76: 42-48.

[351] 申彤, 姜雷, 杨洁. 直投式泡菜乳酸菌发酵剂冷冻保护的研究[J]. 食品科学. 2006, 27(5): 106-108.

[352] 吴拥军, 孟望霓, 蔡金藤, 等. 魔芋葡萄甘露低聚糖的提取及其发酵产物对耐氧双歧杆菌的促生长作用[J].食品工业科技, 2002(9): 41-43.

[353] 熊德鑫, 李剑秋, 徐殿霞, 等. 低聚糖体外选择性促进双歧杆菌生长的研究[J]. 食品科学, 1998(6): 34-36.

[354] Corzo G, Gilliland S E. Bile salt hydrolase activity of three strains of *Lactobacillus acidophilus* [J]. Journal of Dairy Science, 1999, 82(3): 472-480.

[355] 庄海宁, 张燕萍, 金征宇. 第三类抗消化淀粉(RS3)在益生菌微胶囊方面的应用进展[J]. 食品与生物技术学报, 2008, 27(6): 1-5.

[356] 姚婷, 李腾飞. 秦玉昌, 等. 分子印迹表面等离子共振传感器在食品安全检测中的最新研究进展[J]. 分析测试学报, 2015, 34(2): 237-244.

[357] Hajslova J, Cajka T, Vaclavik L. Challenging applications offered by direct analysis in real time (DART) in food-quality and safety analysis[J]. TrAC Trends in Analytical Chemistry, 2011, 30(2): 204-218.

[358] 唐伟, 汲长鹏, 于海静. 浅议 ATP 快速检测在铁路食品安全监督管理中的应用[J]. 疾病

监测与控制杂志, 2015, 9(5): 354-356.

[359] Safranko M, Tusek A J, Curlin M. Analysis of diffusivity of the oscillating reaction components in a microreactor system[J]. Croatian Journal of Food Science and Technology, 2017, 9(1): 40-45.

[360] Ying J L Z, Lim L H, Mirza A H, et al. Chapter 5: Bionanotechnology-based Colorimetric Sensors for Food Analysis[M]. London, UK: RSC, 2016.

[361] Zmijan R, Carboni M, Capretto L, et al. *In situ* microspectroscopic monitoring within a microfluidic reactor[J]. RSC Advances, 2014, 4(28): 14569-14572.

[362] Zhang Y, Wang C, Chen L, et al. Microfluidic spinning: microfluidic-spinning-directed microreactors toward generation of multiple nanocrystals loaded anisotropic fluorescent microfibers[J]. Advanced Functional Materials, 2016, 25(47): 7396-7396.

[363] Jun Y, Kang E, Chae S, et al. Microfluidic spinning of micro-and nano-scale fibers for tissue engineering[J]. Lab on a Chip, 2014, 14(13): 2145-2160.

[364] An S, Jo H S, Kim D, et al. Self-junctioned copper nanofiber transparent flexible conducting film via electrospinning and electroplating[J]. Advanced Materials, 2016, 28(33): 7149-7154.

[365] Vernon K C, Funston A M, Novo C, et al. Influence of particle-substrate interaction on localized plasmon resonances[J]. Nano Letters, 2010, 10(6): 2080-2086.

[366] Lee B R, Lee K H, Kang E, et al. Microfluidic wet spinning of chitosan-alginate microfibers and encapsulation of HepG2 cells in fibers[J]. Biomicrofluidics, 2011, 5(2): 022208.

[367] Abate A R, Kutsovsky M, Seiffert S, et al. Synthesis of monodisperse microparticles from non-Newtonian polymer solutions with microfluidic devices[J]. Advanced Materials, 2011, 23(15): 1757-1760.

[368] Zhang Y, Wang C F, Chen L, et al. Microfluidic-spinning-directed microreactors towar generation of multiple nanocrystals loaded anisotropic fluorescent microfibers[J]. Advanced Functional Materials. 2015, 25(47): 7253-7262.

[369] De Jong J, Lammertink R G H, Wessling M. Membranes and microfluidics: a review[J]. Lab on a Chip, 2006, 6(9): 1125-1139.

[370] Park D Y, Mun C H, Kang E, et al. One-stop microfiber spinning and fabrication of a fibrous cell-encapsulated scaffold on a single microfluidic platform[J]. Biofabrication, 2014, 6(2): 024108.

[371] Shen J, Xu L, Wang C, et al. Dynamic and quantitative control of the DNA-mediated growth of gold plasmonic nanostructures[J]. Angewandte Chemie International Edition, 2014, 53(32): 8338-8342.

[372] Roig Y, Marre S, Cardinal T, et al. Synthesis of exciton luminescent ZnO nanocrystals using continuous supercritical microfluidics[J]. Angewandte Chemie International Edition, 2011, 50(50): 12071-12074.

[373] Zang Z, Nakamura A, Temmyo J. Single cuprous oxide films synthesized by radical oxidation at low temperature for PV application[J]. Optics Express, 2013, 21(9): 11448-11456.

[374] Shi X, Ostrovidov S, Zhao Y, et al. Microfluidic spinning of cell-responsive grooved microfibers[J]. Advanced Functional Materials, 2015, 25(15): 2250-2259.

[375] Dendukuri D, Tsoi K, Hatton T A, et al. Controlled synthesis of nonspherical microparticles

using microfluidics[J]. Langmuir, 2005, 21(6): 2113-2116.

[376] Rajeswari N, Selvasekarapandian S, Sanjeeviraja C, et al. A study on polymer blend electrolyte based on PVA/PVP with proton salt[J]. Polymer Bulletin, 2014, 71(5): 1061-1080.

[377] Morgan J L W, Strumillo J, Zimmer J. Crystallographic snapshot of cellulose synthesis and membrane translocation[J]. Nature, 2013, 493(7431): 181-186.

[378] Matsunaga H, Santa T, Iida T, et al. Effect of the substituent group at the isothiocyanate moiety of edman reagents on the racemization and fluorescence intensity of amino acids derivatized with 2,1,3-benzoxadiazolyl isothiocyanates[J]. Analyst, 1997, 122(9): 931-936.

[379] Argauer R J, White C E. Effect of substituent groups on fluorescence of metal chelates[J]. Analytical Chemistry, 1964, 36(11): 2141-2144.

[380] Monder C, Kendall J. Sulfuric acid-induced fluorescence of corticosteroids: effects of position substituents on fluorescence[J]. Analytical Biochemistry, 1975, 68(1): 248-254.

[381] Wu J H, Chen W C, Liou G S. Triphenylamine-based luminogens and fluorescent polyimides: effects of functional group and substituent on photophyscial behaviors[J]. Polymer Chemistry, 2016, 7(8): 1569-1576.

[382] Verschueren K H, Kingma J, Rozeboom H J, et al. Crystallographic and fluorescence studies of the interaction of haloalkane dehalogenase with halide ions. Studies with halide compounds reveal a halide binding site in the active site[J]. Biochemistry, 1993, 32(35): 9031-9037.

[383] Uchiyama S, Santa T, Imai K. Study on the fluorescent 'on-off' properties of benzofurazan compounds bearing an aromatic substituent group and design of fluorescent 'on-off' derivatization reagents[J]. Analyst, 2000, 125(10): 1839-1845.

[384] Li Q, Xia B, Branham M, et al. Self-assembly of carboxymethyl konjac glucomannan-g-poly(ethylene glycol) and (α-cyclodextrin) to biocompatible hollow nanospheres for glucose oxidase encapsulation[J]. Carbohydrate Polymers, 2011, 86(1): 120-126.

[385] Sill T J, Recum H A V. Electrospinning: applications in drug delivery and tissue engineering[J]. Biomaterials, 2008, 29(13): 1989-2006.

索　引

A

胺分子 74

B

包埋率 64

C

成膜性 20

D

大分子链缠结 19

多孔凝胶颗粒 64

多糖 1

E

二醛魔芋葡甘聚糖 72

F

非共价键 6

分子链拓扑结构 28

分子缺陷 25

分子自组装 6

蜂巢结构 54

负载活性炭 53

傅里叶变换红外光谱 4

G

高分子 1

H

海藻酸钠 7

核磁共振 5

缓释 71

J

吉布斯自由能 2

剪切变稀 19

交联剂 29

接枝共聚 22

静电纺丝 13

聚丙烯酸钠 30

聚丙烯酰胺 30

K

壳聚糖 7

L

拉曼光谱 55

离子吸附载体 51

流变特性 38

氯化钙 43

M

醚化反应 21

明胶 6

魔芋仿生食品 18

魔芋葡甘低聚糖(KO) 63

魔芋葡甘聚糖(KGM) 17

N

纳米二氧化硅 29

纳米纤维膜 9

耐热性能 83

黏弹性 3

凝胶 1

凝胶合成技术 7

凝胶性能 9

P

喷雾干燥 10

Q

气凝胶 7

羟基 1

R

热不可逆凝胶 20

热可逆凝胶 20

热重分析 5

溶胀性 2

S

三螺旋结构 7

扫描电子显微镜 4

伤口敷料 20

食品加工 10

嗜酸乳杆菌 10

疏水相互作用 6

双网络结构 29

T

天然高分子 6

天然生物多糖 50

调控 1

铜离子吸附 58

脱乙酰度 20

拓扑结构 22

拓扑学 22

W

网络结构 1

微胶囊 4

微流纺丝技术 7

微球 2

微纤维 2

微纤维凝胶 2

胃肠道模拟 70

X

橡胶弹性理论 2

Y

乙酰基 17

益生菌 10

荧光显微镜 76

有害成分检测 76

有机-无机杂化 7

Z

真空冷冻干燥技术 50

酯化反应 21